A GLOBAL GEOGRAPHY BOOK FOR CHILDREN

写给孩子的环球地理书

★让孩子脑洞大开的奇趣地理科普书★

和继军 / 编著

FANTASTIC OCEAN

奇幻的海洋（二）

航空工业出版社

内容提要

《写给孩子的环球地理书·奇幻的海洋》以海洋为主题，介绍世界范围内的著名海域、海湾、海岛、海岸等千姿百态的自然景观，以及海底形态、海洋灾害、海洋资源等内容，极大地丰富了孩子的海洋学知识。

图书在版编目（CIP）数据

奇幻的海洋 ：全2册 / 和继军编著. -- 北京 ：航空工业出版社，2021.6
(写给孩子的环球地理书)
ISBN 978-7-5165-2537-1

Ⅰ. ①奇… Ⅱ. ①和… Ⅲ. ①海洋－青少年读物
Ⅳ. ① P7-49

中国版本图书馆 CIP 数据核字（2021）第 084368 号

奇幻的海洋：全2册
Qihuan De Haiyang

航空工业出版社出版发行
（北京市朝阳区京顺路5号曙光大厦C座四层 100028）
发行部电话：010-85672688 010-85672689

北京楠萍印刷有限公司印刷 全国各地新华书店经售
2021年6月第1版 2021年6月第1次印刷
开本：787×1092 1/16 字数：45千字
印张：6.25 定价：218.00元（全6册）

温柔时光的中国海景

中国是一个幅员辽阔，拥有很大领土面积的国家，其中蓝色国土面积占比也很大。在广袤的蓝色国土中，拥有众多美不胜收的海景，或为晶莹剔透的纯净海水，或为清幽僻静的神秘海岛，或为洁白软绵的细腻沙滩……本章主要介绍中国绝美海域、海湾、海岛、海滩等。寻一处治愈心灵之地，邂逅悠闲的慢生活，此心安处是吾乡。

广袤的蓝色国土

毗邻中国大陆边缘的四大海域与伸入大陆的海湾相连，构成了中国辽阔的海域，这里蕴藏着丰富的物质资源，在国防上也具有非常重要的意义。

中国最大的内海——渤海

渤海位于辽东半岛与山东半岛之间，是中国最大的内海，它三面环陆，由三个主要海湾（北部辽东湾、西部渤海湾、南部莱州湾）、中央浅海盆地和渤海海峡五部分组成。

与陆地相拥

渤海基本上被陆地所环抱，仅东部以渤海海峡与黄海相通，面积 77000 平方千米，平均深度 18 米。渤海由河北、山东、辽宁和天津市环绕，总共有 13 座环渤海城市。

最大的盐生产基地

渤海海域氯化钠的浓度较高，是我国最大的盐业生产基地。强日照、多风，广阔而密实的淤泥质海滩，非常适宜盐业生产。我国驰名中外的长芦盐场就位于渤海岸。山东莱州湾盐区是我国发展海水晒盐最理想的地区之一，地下卤水资源丰富，是少见的储量大、埋藏浅、浓度高的“液体盐场”。

海水西调的设想

“南水北调”将南方的水引入北方，缓解北方用水问题。又有人提出“海水西调”，要将渤海之水引入沙漠，化沙漠为绿洲。西调海水在沙漠地区形成“人造海”和大片湿地，从渤海西北海岸提送海水达到海拔 1200 米高度，到内蒙古自治区东南部，再顺北纬 42 度线东西方向的洼槽地表，流经燕山、阴山以北，出狼山向西进入居延海，绕过马鬃山余脉进入新疆。其原理是靠自然蒸发，增加空气中的湿度，增加当地的降雨量，改善当地的生态环境，实现水的大循环。

因水域水色呈土黄色而得名——黄海

黄海位于中国大陆与朝鲜半岛之间，是太平洋西部的一个边缘海，平均水深 44 米，海底平缓，为东亚大陆架的一部分。

破纪录的“雾窟”

黄海平均气温 1 月最低，为 -2℃ ~ 6℃，南北温差达 8℃；8 月最高，平均气温为 25℃ ~ 27℃。年平均降水量南部为 1000 毫米，北部为 500 毫米。冬、春季和夏初，沿岸多海雾。黄海西部成山角年均雾日为 83 天，最多一年达 96 天，最长连续雾日有长达 27 天的纪录，有“雾窟”之称。

拓展阅读

唯一海岛县——长岛

长岛即长山列岛，又称庙岛群岛，位于胶东和辽东半岛之间，黄海、渤海交汇处，南临烟台，北倚大连，西靠京津，东与韩国、日本隔海相望，是山东省唯一的海岛县，也是环渤海地区唯一的海岛县，长岛是中国唯一的海岛国家地质公园、中国最美十大海岛、最佳避暑胜地和国家级重点风景名胜区。

“最强”与“最弱”的对决

黄海是中国近海温跃层最强、盐跃层最弱的区域。温跃层主要是由于海面增温和风混合造成的季节性跃层（也称“第一类跃层”），有时也出现“双跃层”现象。最强温跃层处于北黄海中部和青岛的外海，黄海的温跃层，4 ~ 5月开始普遍出现，7 ~ 8月达到最强，9月开始削弱，11月基本消失。盐跃层主要是由两种温盐性质不同的水团叠置形成的，即“第二类跃层”。黄海的强盐跃层位于长江冲淡水区域和鸭绿江口外，其中心值的盐度约0.5‰。

▲东海

天然宝库——东海

东海是由中国大陆、中国台湾岛、朝鲜半岛、日本九州岛、琉球群岛等围绕的边缘海，是中国海的一部分，是中国三大边缘海之一、世界著名渔场之一。

中国海洋第一生产力

东海水质优良，有多种水团交汇，为各种鱼类的繁殖和栖息提供了良好的海洋环境，是中国优良的渔场，也是中国海洋生产力最高的海域。首先，与渤海、黄海相比，东海有较高的水温和较大的盐度，潮差 6 ~ 8 米。

拓展阅读

边缘海，又叫陆缘海，位于大陆边缘，以岛屿、群岛或半岛与大洋分隔，仅以海峡或水道与大洋相连的海域，如黄海、东海、南海、白令海、鄂霍次克海、日本海、加利福尼亚湾、北海、阿拉伯海等。亚洲三大边缘海分别是东中国海、南中国海以及白令海。边缘海可按其主轴方向分为纵边缘海和横边缘海。

东海属于亚热带和温带气候，有利于浮游生物的繁殖和生长。其次，东海有许多优良的港湾，如位于长江下游黄浦江口的上海港，航道深阔，水量充沛，江内风平浪静，适宜巨轮停泊。

中国最深最大的海——南海

南海位于中国大陆南部与菲律宾群岛、加里曼丹岛、苏门答腊岛、马来半岛和中南半岛之间，是太平洋的边缘海。

"最深""最大"两顶桂冠

南海是中国最深、最大的海，也是位列珊瑚海和阿拉伯海之后的世界第三大边缘海。南海的面积约有356万平方千米，相当于16个广东省那么大。我国最南边的曾母暗沙距离广州直线距离达2000千米以上，这要比广州到北京的路程还远。南海也是邻接我国最深的海区，平均水深约1212米，中部深海平原中最深处达5567米，比青藏高原的海拔还要高。

拓展阅读

中国领土最南端——南海诸岛

南海诸岛位于中国海南岛东面和南面海域，包括200多个岛、礁、沙滩。依位置不同分为4个群岛：东沙群岛、西沙群岛、中沙群岛、南沙群岛。其中东沙群岛由东沙岛和附近几个珊瑚暗礁、暗滩组成，西沙群岛由30多个沙岛、礁岛、沙洲和礁滩组成；中沙群岛由距海面10～20米，大多尚未露出水面的暗沙和暗滩组成；南沙群岛由200多个沙岛、岛礁、沙洲、暗沙、礁滩等组成，其中曾母暗沙是中国领土最南端的地方。

在海底“翻山越岭”

如果你想穿越南海的海底，你就得“翻山越岭”。南海的海底地形复杂，主要由宽广的大陆架、陡峭的大陆坡和辽阔的中央海盆三部分构成，呈环状分布。大陆架沿大陆边缘和岛弧以不同的坡度倾向海盆。中央海盆位于南海中部偏东，呈扁的菱形状，地势东北高、西南低。大陆坡位于中央海盆和大陆架之间，分为东、南、西、北四个区。南海海盆在长期的地壳变化过程中，形成深海海盆，南海诸岛就是在海盆隆起的台阶上形成的。

富饶的资源之家

南海的各种资源都非常丰富，其中最具代表性的是被誉为“参中之王”的梅花参，为著名的大型食用海参。体型大的长一米有余，重二三十斤。加工成干

趣味故事

珊瑚虫的灵魂之家

珊瑚岛是海洋中的珊瑚虫遗骸不断堆积露出海面形成的岛屿，珊瑚岛的形成需要珊瑚虫的不断生长，而珊瑚虫的生长又是极其缓慢的，所以珊瑚岛的形成要经历漫长的时间，且都形成在适宜珊瑚虫生长的热带海洋，主要集中在南太平洋和印度洋中。世界上著名的珊瑚岛群岛有马尔代夫群岛、南沙群岛、澳大利亚大堡礁等。

品后，炖食美味可口，营养丰富，滋补性极强。西南中沙群岛有250多种海贝，按照用途可分为食用贝和观赏贝。食用贝产量较大的有大马蹄螺、篱凤螺、历来磔等。大马蹄螺也称“公螺”，易捕捞、产量高、肉肥美，是重要的经济贝类。

中国渤海三大海湾之一——渤海湾

渤海湾位于渤海西部，北起河北省乐亭县大清河口，南至山东省黄河口，由蓟运河、海河等河流注入，是中国渤海三大海湾之一。

贝壳堆积的堤岸

你见过贝壳堤吗？渤海湾这里就有，那么，它是怎么形成的呢？首先，渤海湾正处在中生代古老地台活化地区，位于冀中、黄骅、济阳三拗陷边缘，经历了各个地质时期的构造运动和地貌演变，形成湖盆，并在其上覆有1～7千米巨厚松散沉积层。其次，沿岸差不多全为第三纪沉积物，形成典型的粉砂淤泥质海岸。再加上几经海水进退作用，使海湾西岸遗存有沿岸泥炭层和三条贝壳堤。

丰富多样的湿地景观

渤海湾地区河流众多，湖泊、池塘、水库、洼淀、河口棋布星罗，再加上

▲渤海湾

漫长的浅海滩涂，构成了多姿多彩的湿地景观。特殊的地理位置，优良的湿地环境，使渤海湾积蓄了丰富的水鸟资源，并成为我国东部湿地水鸟的重要聚居区。

南海西北部的一个美丽海湾——北部湾

北部湾旧时称东京湾，位于我国南海的西北部，是一个半封闭的大海湾。

最近出海口

北部湾是我国大西南地区出海最近的通路，重要港口有湛江港、北海、防城港、钦州和洋浦等。其中湛江港是一座得天独厚的现代化深水良港，是世界上少有的著名港口，是我国与东南亚、澳大利亚、印度洋沿岸和欧洲国家之间航程最短的外贸港口，是中国大西南和华南地区货运的出海主线路，是全国 20 个沿海主要枢纽港之一，与世界上的 100 多个国家和地区通航。

北部湾的红树林

红树林是热带、亚热带海岸潮间带特有的湿地木本植物群落，有“海上森林”之称，怪异神奇、靠海而生，随潮涨而隐、潮退而现，是国家级重点保护的珍稀植物。全国37%的红树林都集中在北部湾海岸线。红树林有着“地球上生产力最高的海洋自然生态系统”之称，是国际上生物多样性保护的重要对象。北部湾郁郁葱葱的红树林，木古茎苍、盘根错节、屈曲嶙峋、千奇百怪。

伸入内陆的半封闭海湾——山东胶州湾

胶州湾位于山东半岛南部，又称胶澳，由南胶河注入，为伸入内陆的半封闭性海湾。

半封闭的母亲湾

胶州湾不但是一个半封闭型海湾，更是青岛的“母亲湾”，是青岛发展的摇

篮。湾口最窄处从薛家岛北端至团岛南端只有 2.5 千米，湾内南北方向最大长度约 40 千米，东西方向最大宽度约 28 千米，面积约 446 平方千米，湾内宽大开阔，自然条件相对独立。注入胶州湾的河流以大沽河为最大。

拓展阅读

友好的交换

胶州湾与外海交换情况良好，为什么这么说呢？首先，其半交换周期为 5 天。几乎都为湍急交换，海湾东北部水域流势强劲，西部流势缓慢，后者不利于物质分散。此外，胶州湾为一浅水海湾，呈簸箕形状直倾斜在湾口区又转向东倾斜，湾内平均水深 7 米，最大水深在湾口附近，局部可达 64 米，湾内为 51 米。

典型的半日潮

胶州湾的潮汐为典型的半日潮，它平均潮差 2.71 米，最大潮差达到 6.87 米。半日潮流的特点是涨潮历时小于落潮历时，涨潮流速大于落潮流速，潮流属于往复流。湾口流速大，团岛附近可达 1.5 米 / 秒，潮余流流速可大于 0.3 米 / 秒。海湾内以风浪为主，冬季寒潮大风时，波高可达 1.9 米，平时海浪波高较小，波高绝大多数情况都在 0.5 米以下。

喇叭形的海湾——浙江杭州湾

杭州湾位于中国浙江省东北部，西起海盐澉浦到余姚西三闸断面，东至扬子角到镇海角连线，由钱塘江注入，外宽里窄，是一个喇叭形海湾。

沿海潮差最大的“喇叭”

杭州湾湾底的地貌形态呈喇叭形特征，这是由于湾底地势平坦，从乍浦起，向西抬升，在钱塘江河口段形成巨大的沙坎。杭州湾北岸为长江三角洲南缘，沿岸深槽发育，南岸为宁绍平原，沿岸滩地宽阔，这里经常出现怒潮。杭州湾以钱塘潮著称，历史上最大潮差曾达 8.93 米，是中国沿海潮差最大的海湾。

天堑变通途

由于受到杭州湾天堑的阻隔，宁波一直交通不畅。从宁波到上海和苏南、苏北地区必须绕道杭州。建成后的杭州湾跨海大桥，将杭州湾南北两岸相连，将从根本上改变长江三角洲的交通格局，将原来的“V”字形走向变成“A”字形或者“十”字形格局。杭州湾跨海大桥将成为连接中国大陆沿海经济发达地区的一座“廊桥”。

天下第一湾——海南亚龙湾

亚龙湾位于海南省三亚市东郊一处热带滨海风景区，是海南最南端的一个半月形海湾，全长约 7.5 千米，是海南著名的旅游胜地。这里年平均气温 25.5℃，海水温度 22℃ ~ 25.1℃，终年可戏水，被誉为“天下第一湾”。

风情万种、光彩照人的亚龙湾

亚龙湾气候温和、风光如诗如画，这里有湛蓝的天空、和煦的阳光、湿润的空气、起伏的青山、怪异的岩石、幽秘的红树林、静如平镜的海面、澄澈晶莹的海水、洁白细软的沙滩以及色彩斑斓的海底景观等。这里海风拂面，椰影婆娑，生长着众多奇花异草和原始热带植被，错落地分布着各具特色的度假酒店，把亚龙湾装扮得璀璨生辉。

亚龙湾的五大要素

你知道现代旅游的五大要素是什么吗？它们是海洋、沙滩、阳光、绿色、清新空气，这五种要素在亚龙湾都能找到。亚龙湾呈现出明显的热带海洋性气候，适宜四季游泳和开展各种海上运动。海湾面积达 66 平方千米，可同时容纳十万人畅游戏水，数千只游艇自在游弋。

知识链接

亚龙湾热带森林公园位于海南省三亚市东南 25 千米处，总面积 15 平方千米，分东园和西园，好像伸展的双臂环抱着“天下第一湾”。植被类型为热带常绿性雨林和热带半落叶季雨林，其生物、地理、天象、水文、人文和海景景观资源丰富，独特的地理优势，使之成为发展热带雨林旅游的绝佳之地。

▲亚龙湾

治愈心灵的美丽小岛

岛屿作为一种特殊的陆地形态，更易受到人们的青睐。中国岛屿数量众多，其中多小岛，多无人岛，且岛屿多缺水。沿海岛屿密布，绝大多数都集中在浙江、福建、广东、海南四省沿海。

蝮蛇栖息的岛屿——辽宁大连蛇岛

辽宁大连蛇岛又名小龙山岛，位于大连市西北的渤海之中，距旅顺港 25 海里，距陆地最近处 7 海里。岛长约 1500 米，宽约 800 米，总面积约 1.2 平方千米。

唯一蝮蛇海岛

蛇岛是世界上唯一生存单一毒蛇的海岛，岛上只有一种黑眉蝮蛇，约两万余条，属剧毒蛇。蛇岛主峰海拔 216 米，岛上有 7 条山脊，7 处岩洞，6 条沟，四周除有一小片卵石滩外，皆为悬崖峭壁。岛上有多达 200 余种的繁盛植物。春秋两季，蝮蛇采食，大量迁徙鸟类成为蝮蛇捕杀的猎物。

岛小蛇多

在 1.2 平方千米的小岛上生存着 2 万条剧毒蛇，这些蝮蛇既冬眠又夏眠，一年只需捕食

> **趣味故事**
>
> **善于伪装的蝮蛇**
>
> 蝮蛇很善于用变色、拟态的伎俩伪装自己，它身体的颜色可以酷似周围环境的颜色，它栖息的姿态也可以摹拟周围的物状。蝮蛇感知周围环境不依靠眼睛，而依靠眼鼻之间的一个凹下似漏斗形的感温器官——颊窝。颊窝里有一层很薄的膜，这层膜是一个灵敏度极高的热测位器，能察觉 0.001 ℃的温度变化。人、鸟、兽如果顺风接近它，立刻会被它察觉，人们了解了它的这一特性，便逆风靠近它，这样即使近在咫尺也不会被它发现。

几次就可存活下来，这种极其顽强的生命力使它们几千万年来一直在岛上生存繁衍。它们身体并不长，最长的只有 1 米多，但其毒性是非常强大的，1 克蛇毒液可毒死近千只兔子，只要人类不主动触犯它，它一般不袭击人。

黄海最大的岛群——辽宁长山群岛

辽宁长山群岛是位于辽东半岛东侧的黄海北面海域上的群岛，由 50 多个岛屿组成，是黄海最大的岛群，包括大长山、小长山、广鹿、獐子、海洋岛等。

水肥滩沃的生物乐园

长山群岛水产资源丰富，与寒暖流在此交汇有关。每年四五月的时候，黄海暖流和台湾暖流先后在这里与北方沿岸寒流交汇。这里水温适中，下层的营养物质泛到上层，上层海水中的浮游生物特别丰富，此外，辽东半岛和朝鲜半岛上的大小河流送来了大量腐殖质，使这里水肥滩沃，浮游生物特别多，吸引大批鱼群到来。

异彩纷呈的海蚀景观

长山群岛海蚀地貌发育很典型，拥有异彩纷呈的海蚀景观。有形状各异的

知识链接

来到长山群岛，不仅可以欣赏优美的自然风光，还可以品尝琳琅满目的海鲜。长山群岛的鱼虾品类有百种以上，其中鲲鱼、鱼台鱼、青鱼、黄鱼、黑鱼、鳖鱼、虾蝶鱼、牙片鱼和星蝶等品种产量较大。长山群岛水产品总产量在全国领先。海参、鲍鱼、干贝、对虾等海珍是长山群岛的四大特产，尤以海参、鲍鱼、对虾产量最多，闻名遐迩。

海蚀崖、海蚀拱桥、海蚀柱、海蚀穴、海蚀洞等。海蚀地貌为长山群岛增添了无限风光，使长山群岛拥有独特的海滩旅游景象。

中国第三大岛——上海崇明岛

崇明岛地处长江入海口，是中国第三大岛，是中国最大的河口冲积岛，中国最大的沙岛。

上海的“普罗旺斯”

薰衣草称“香草之后”，花语“期待爱情”。世界上最有名的薰衣草园当属

法国普罗旺斯小镇，这里的薰衣草盛开时犹如一望无际的紫色海洋。在我国，也有一样能欣赏到紫色浪漫的薰衣草乐园，这便是上海崇明岛，这里是纯正法国普罗旺斯薰衣草品种种植园，种植了近36500株薰衣草，代表着爱你100年的浪漫意义。

“千疮百孔”的“蟹岛”

崇明岛有其自身独特的资源与景观。在近海边的泥滩上，小蟹随处可见，几乎布满整个滩面。游人在海滩上行走时，小蟹们受到惊吓，快速逃入滩上的洞穴，反应之快，令人咋舌。滩面上蟹穴满地，用“千疮百孔”来形容，最合适不过。所以，崇明岛又有“蟹岛”之美誉。

崇明岛得名传说

东晋末年，孙恩、卢循领导的农民起义失败后，起义军的几排竹筏漂到了长江口，在江边的泥沙中停留。竹筏拦住了长江带来的泥沙，逐渐形成了一个沙嘴。这片沙嘴若隐若现，人们说它既“鬼鬼崇崇”又“明明显显”，于是给它起名叫“崇明”。后来这片沙嘴泥沙越积越多，以致完全露出水面，形成小岛。人们见其气势壮观，不再将其视为怪异，并产生了一种崇敬之情。于是人们便把“崇明”改名为“崇明”。

知识链接

崇明岛在我国河口冲积岛中最具有代表性。由于冲积岛的主要组成物质是泥沙，所以也称沙岛，是大陆岛的一种特殊类型。冲积岛是怎么形成的呢？是由陆地上流速比较急的河流带着上游冲刷下来的泥沙流到宽阔的海洋，泥沙沉积在河口附近，经年累月，越积越多，便形成了高出水面的陆地，这就是冲积岛。

中国沿海最大的群岛——浙江舟山群岛

舟山群岛位于浙江省北部海域，地处长江口以南、杭州湾以东的一组群岛，古称海中洲，是中国沿海最大的群岛。

星罗棋布的岛礁

舟山群岛岛礁众多，约占我国海岛总数的 20%，整个岛群呈北东走向。南部多为排列密集且海拔较高的大岛，北部多为地势较低且分布较散的小岛。群岛中的主要岛屿有舟山岛、岱山岛、朱家尖岛、六横岛、金塘岛等，其中舟山岛最大，面积为 502.65 平方千米，为我国第四大岛。

现实中的桃花岛

桃花岛作为金庸先生小说中“东邪”黄药师的居所，这个美妙的东海小岛桃

趣味故事

普陀山的传说

相传，在公元916年，日本僧人慧锷从五台山请得观音圣像归国，经普陀莲花洋时，船忽然不动，等待请出圣像时，船才开始航行，慧锷于是就在当地建寺供奉观音圣像，取名补陀洛伽山寺，慧锷便为补陀洛伽山（普陀山）寺开山祖师。

花岛便在舟山群岛。桃花岛古称“白云山”，秦时一人因违抗圣旨南逃至桃花岛隐居，修道炼丹。一日醉酒，将墨洒到了山石上，形成斑斑点点的桃花纹，自此石称“桃花石”，山称“桃花山”，岛称“桃花岛”，只不过，桃花岛上无桃花。桃花岛从宋朝至明朝洪武十九年属昌国县（宋元时期舟山）安期乡，清朝康熙初年建造了安期乡桃花庄，光绪年间称为定海县安期乡，民国时改称桃花乡，后逐渐形成现在的桃花镇。

“圣地”普陀山

普陀山位于舟山群岛东部海域，南北狭长，面积约12.5平方千米。岛上风光绮丽，洞幽石奇，寺庙道观，云遮雾罩。普陀山是中国佛教四大名山之一，又是以山水著称的名山，山海相连，充分展示着山和海的大自然之美。普陀山是全国最著名最灵异的观音道场、佛教圣地，其宗教活动可以追溯到秦。

中国最大的近海渔场

浙江舟山渔场是中国最大的近海渔场，与千岛渔场、纽芬兰渔场、秘鲁渔场齐名。渔民习惯按各作业海域，把舟山渔场划分为大戢渔场、嵊山渔场、浪岗渔场、黄泽渔场、岱衢渔场、中街山渔场、洋鞍渔场和金塘渔场。

第一个海岛海域自然保护区——浙江南麂列岛

南麂列岛位于浙江省平阳县以东海域，由南麂岛等52个岛屿组成，因形状像麂而得名。

拓展阅读

碧海仙山

南麂列岛海洋自然保护区是集旅游、避暑、度假、疗养于一体的旅游胜地，拥有宽 800 米、长 600 米的贝壳沙海滩景观，海水清透明澈，能见度达 5 米以上。这里有大沙岙、水仙花岛、海鸥岛、三盘尾等著名景点，还有居于海八珍之首的鲍鱼，名贵的石斑鱼等。这里的金沙碧海、奇礁异石、怪峰雅洞、天然草坪，都让人留连忘返，真不愧为“碧海仙山”。

中国唯一的国家级海洋自然保护区

南麂列岛海洋自然保护区总面积为 201 平方千米，海域面积 191 平方千米，自然保护区按功能划分为核心区、缓冲区、开发区。核心区有三处，保护区内小岛众多，各有特色。这是中国建立的第一个海岛海域生态系自然保护区，具有重要的科学和生态价值，对我国和世界生物多样性保护具有重大意义。

福建第一大岛——福建海坛岛

海坛岛，也叫平潭岛。岛屿南北长 29 千米，东西宽 19 千米，面积 267.13 平方千米。素有“千礁岛县”之称，是福建省第一大岛，全国第五大岛。

优质的海滨沙滩

海坛岛北、东、南面分别是长江澳、海坛湾、坛南湾三大海滨沙滩，沙质细腻洁白，海水湛蓝清澈，面积大，相互连接，背后有葱茏的防护林带，海上有岛屿岩礁。坛南湾和海坛湾沙滩长 40 千米，大约可容纳游客 120 万人以上，是目前国内发现的最大的海滨浴场之一。

鬼斧神工的海坛岛

海坛岛地貌甲天下。有姿态各异的海蚀崖、海蚀洞、海蚀穴、海蚀平台、海蚀阶地等，形神兼备、栩栩如生，令游客大饱眼福。海上绝景“半洋石帆”已被誉为“天下奇观”，仙人井、仙人峰、仙人台、仙人洞、“金观音”等造型系列被称为“东海仙境”。这些雄奇壮丽，神秘诱人的景观，是不是让你产生一种要登上海坛岛一睹为快的冲动呢？

东南亚的一颗海上明珠——福建鼓浪屿

鼓浪屿原名圆沙洲，又名圆洲仔，位于厦门岛西南角，与厦门市隔海相望，远远看去，它就像是瑰丽的海上明珠。

美丽卫星岛

鼓浪屿是厦门的一个卫星岛，常住居民 2 万人。岛上岩石嶙峋，由于长年受海浪扑打，形成许多幽深的山谷和陡峭的山崖，沙滩、礁石、峭壁、岩峰，交相辉映，让人不禁感叹大自然的鬼斧神工。鼓浪屿街道短小，纵横交错，岛上树木葱郁，百花争妍，尤其是红瓦与绿树相映，格外闪亮。鼓浪屿的建筑掩映在热带、亚热带林木里，日光岩高峰陡起，群鸥腾飞，构成了一幅美丽的画卷。

音乐家摇篮

鼓浪屿有“音乐家摇篮”“钢琴之岛”的美誉，是一座文艺气息浓厚的浪漫小岛。在小小的鼓浪屿就有 600 台钢琴，其密度居全国之首。只要你漫步在这里的小路上，就会时不时听到各种乐器的声音，悦耳的钢琴声，悠扬的小提琴声，

轻快随性的吉他声，优美动听的歌声，海浪自由的节拍声……身处其中令人陶醉不已，音乐已成为鼓浪屿无比绚丽的风景线。

建筑博览馆

鼓浪屿岛上建筑风格多样，融合了不同国家的建筑特色，被称为“万国建筑博览馆”。很多建筑都具有浓烈的欧陆风格，鼓浪屿的别墅都存在着古希腊的三大柱式：陶立克柱式、爱奥尼克柱式、科林斯柱式。罗马式的圆柱，哥特式的尖顶，伊斯兰圆顶，巴洛克式的浮雕，门楼壁炉、阳台、钩栏、突拱窗等异彩纷呈，洋溢着古典主义和浪漫主义的色彩。

形似蝴蝶的岛屿——福建东山岛

东山岛，别称陵岛，位于中国福建省南部沿海，因主岛形似蝴蝶也叫蝶岛，是福建省第二大岛、中国第七大岛。

风景这边独好

东山岛是福建省著名的风景区之一，这里海湾开阔，沙滩平坦，草木葱郁，极具南国海滨风光特色。东山岛古称铜山，现仍存有明朝洪武时期建的铜山古城，位于铜陵镇海滨，是明太祖朱元璋为防倭寇骚扰而建立的，至今风骨犹存。古城内有一座建于明代，依山临海，闻名海内外的关帝庙，颇具明古建筑艺术价值。

天下第一奇石

马銮湾位于东山岛东部，它是造物主的称心之作。天蓝海阔，沙白水清，岸边绿林葱翠，沙滩长2500多米，宽60米，东北有“三支峰”为屏障，东南有

赤屿等小岛环绕，自成格局。在关帝庙附近的海滨石崖上，有一块重约 200 吨的巨石，形似玉桃，底部触地仅数寸，风吹石动，故名“风动石”，虽历经台风、地震却不倒，有“天下第一奇石”之称。

南海中的一个绿洲——广东南澳岛

南澳岛是广东省唯一的海岛县，由 37 个大小岛屿组成，陆地面积 130.90 平方千米，海域面积 4600 平方千米，现有常住人口达 7 万多人。

海上互市必经路

特殊的地理环境和丰富的自然资源，使美丽的海上绿洲南澳岛具备了很多现实和潜在的发展优势。南澳处于“香港—高雄—厦门”三大港口城市的中心点，靠近西太平洋国际主航线，历史上就是东南沿海一带通商的必经泊点和中转

▲广东南澳岛

站，是海上贸易的重要通道，有“海上互市之地”之称。

生态旅游主旋律

南澳岛最东端的青澳湾是沙质柔软细腻的缓坡海滩，海水清澈，盐度适中，是天然优质海滨浴场。此外，这里还有“天然植物园”之称的黄花山国家森林公园，有“候鸟天堂”之称的岛屿自然保护区、亚洲第一岛屿风电场、历史悠久的总兵府、南宋古井、太子楼遗址等众多文物古迹 50 多处、寺庙 30 多处，构成了南澳岛“海山史庙”相结合的主要特色，以及蓝天、碧海、绿岛、金沙、白浪的南澳生态旅游主色调。

最年轻的火山岛——广西涠洲岛

涠洲岛位于广西北海市北部湾中部，南北长度为 6.5 千米，海拔最高为 79

拓展阅读

优质海滩——石螺口海滩

石螺口海滩是涠洲岛最漂亮的海滨浴场，在这里你既可以感受到国内其他优质海滩的浪漫，又可以感受到涠洲岛特有的原始与自然。水中的沙子细腻松软，岸边的沙土混有珊瑚和贝壳。海水清澈如镜，可见度高，这里是岛上最适宜潜水的海域。

米。仙境一般的景色使得涠洲岛成了最“年轻、亮丽”的火山岛。

形如弓形翡翠

涠洲岛呈南高北低的地势走向，其南面是由古代火山口形成的天然良港南湾港，港口呈圆椅形，三面环山，东西拱手环抱成娥眉月状，像巨蟹横卧于海中。从高空俯瞰，涠洲岛像一枚弓形翡翠漂在海面。这里夏无酷暑，冬无严寒，年平均气温 23℃，雨量 1863 毫米，是广西热量最丰富的地区，也是广西最少雨的地区之一。

堪称人间天堂

涠洲岛四周烟波浩渺，岛上植被浓密，景色秀美，尤以奇异的海蚀、海积及火山熔岩、五彩斑斓的活珊瑚等景观最为引人入胜，素有南海“蓬莱岛”之称。涠洲岛是火山喷发堆凝而成的岛屿，南部的高峻奇险与北部的开阔平坦形成强烈对比，其沿海海水清澈见底，海底活珊瑚、名贵海产瑰丽神奇。不得不说这里就是人们苦苦寻找的人间天堂。

京族的聚集地——广西京岛

京岛位于广西东兴市江平镇，是指我国少数民族之一的京族唯一聚居地的

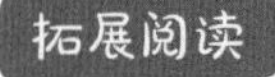

万尾岛的金色毯子

在万尾岛西面连至巫头岛南面，有一片金色沙滩平展铺开在湛蓝的海面上，远远望去金光闪闪，如浮于蓝色海面上的一条金色毯子，美丽异常。

三个小岛——巫头、山心、万尾，常统称为“京族三岛”。

海浪、沙滩、阳光

“京族三岛”原本是分开的，现三岛之间已与内陆连成一片。三岛中最大的万尾岛，东靠珍珠港，南临北部湾，西与越南一水之隔。这里属亚热带海洋性气候，年平均温度22℃左右，年均日照量超过2100个小时，岛上林木葱郁，冬暖夏凉，海风清爽。到此度假休闲，可尽情享受“海浪、沙滩、阳光”的赏赐，领略渔家风情，享受京岛海滨风光。

环岛长堤

万尾岛建有高2米、宽2米、长8海里的石砌混凝土结构的环岛长堤，呈弓状环抱着大半个岛岸，可抵御海浪侵蚀岸边陆地，也是岛上居民的坚固屏障。在上面漫步，身处林、沙、水之间，仿佛回归自然一般。

中国最大的岛屿——台湾岛

台湾岛位于中国大陆东海南部，西依台湾海峡，东临太平洋，是中国第一大岛。

高山岛

台湾岛地形以山地、丘陵为主，二者占全岛面积2/3，此外平原占1/3，形成了台湾岛东部多山脉、中部多丘陵、西部多平原的地形特征。中央山脉纵贯南北，台湾中部玉山海拔 3952 米，是中国东部最高峰。全岛海拔 1000 米以上的山地约占一半，超过 3000 米的高山不下百余座，故台湾岛亦被称为“高山岛”。

拓展阅读

台湾的森林

台湾岛是巨大的森林宝库，森林面积约占全岛土地面积的 52%。其中天然林占 80%，总蓄积量为 3 亿多立方米。树木种类近 4000 种，其中尤以台湾杉、红桧、樟、楠等名贵木材闻名于世，樟脑产量居于世界首位。

八景十二胜的蝴蝶王国

台湾地区处于太平洋火山地震带上，地貌类型复杂多样，有喀斯特地貌与海蚀地貌，所以山水胜景、火山群、温泉群居多。西海岸沙滩平缓，海水浴场较多，东海岸断崖险峻，多奇岩异石。台湾岛上森林茂盛，动植物资源丰富，所产蝴蝶数量之大、种类之多居世界之首，有“蝴蝶王国”的美称，清代即有“八景十二胜”之说。

美丽的海岸线风光

中国是一个海洋大国，拥有漫长的海岸线，蕴藏着丰富的海岸带资源。这里碧海蓝天，景色秀丽，自然风光优美动人，集山光、水色、潮音、海风、征帆于一体。以独特的地理环境、丰富的旅游资源，成为人们旅游观光之选。

海陆交通运输枢纽——海港

港口是具备水陆联合运输设备和条件，可使船只进出和停靠的运输枢纽，而海港就是与海相关的港口。

“离不开海”的港口

海港位于海岸、海湾或潟湖内，也有离开海岸建在深水海面上的。位于开

敞海面岸边或天然掩护不足的海湾内的港口，通常需修建合适规模的防波堤，如大连港、青岛港、连云港、基隆港、意大利的热那亚港等。供巨轮或矿石船靠泊的单点或多点系泊码头和岛式码头属于无掩护的外海海港，如利比亚的卜拉加港、黎巴嫩的西顿港等。潟湖被天然沙嘴完全或部分隔开，开挖运河或拓宽、浚深航道后，可在潟湖岸边建港，如广西北海港。也有完全靠天然掩护的大型海港，如东京港、香港港、澳大利亚的悉尼港等。

拓展阅读

基隆港

基隆港位于台湾岛北端，是台湾北部的海运枢纽，重要的海洋渔业基地。港口水深达 11.5 米。港口三面环山，沿海湾建有 40 余个泊位。港口年吞吐粮食、石油、水泥、木材、化肥和钢铁等约 3500 ~ 4000 万吨，是世界第十大集装箱运输港之一。

中国的海滨之光——辽宁大连海滨

辽宁大连海滨位于胶东半岛的东北部，整个景区枕山襟海，集我国南北方自然景色与建筑特点于一身，使古典园林艺术与当代建筑风格熔于一炉，组成了

拓展阅读

关于礁石

在大连海滨，有很多礁石，你知道它是怎么构成的吗？其实，它是由生物礁体组成的，也可由火山岩体或大陆岩体延伸于水下所组成。由于其分布在海中或靠近海岸，对沿海渔业和航行都不利。但是，礁石上面也经常长满了海砺和贝壳，若礁石的规模很大，则称岛屿。

一幅动人心神的画面，成为我国不可多得的旅游佳地。

不可多得的仙岛

大连海滨陆地岛屿面积 105 平方千米，景区海岸线长达 30 余千米，水面浩瀚，岛屿、礁石立于海上，自然风光绮丽多彩，非常壮观，不愧是不可多得的仙岛。这里有世界上罕见的“海上石林”，它实际上是由白云山庄环状构造地貌和由岩溶礁石构成的黑石礁。

京津后花园——河北秦皇岛海滨

秦皇岛位于华北地区东北部，素有“京津后花园”之美誉，拥有长城、滨海、生态等良好的旅游资源。有着“天下第一关”之称的名城山海关、海边避暑圣地北戴河、南戴河旅游度假区、昌黎黄金海岸等 40 多个海滨旅游景区，吸引着众多海内外游客慕名而至。

游客纷至沓来

秦皇岛海滨景区冬无严寒，夏无酷暑，年平均气温 10℃，夏季日平均气温 23℃，非常适合避暑休闲。辽阔的海洋使人心旷神怡，天然的海滨浴场闻名全

▲河北秦皇岛海滨

国，成为秦皇岛海滨旅游风景区的重要组成部分，每年来此的游客达600万之多。

沙雕大世界

黄金海岸金沙湾海滨浴场沙雕大世界位于秦皇岛市昌黎县黄金海岸旅游区中部，与国际高尔夫俱乐部相邻，该景区被国务院评为国家级海洋类型自然生态保护区。景区内高大起伏的沙丘、苍翠葱茏的树林、湛蓝广阔的大海与开阔平缓的沙滩奇妙、和谐地组合在一起，构成一幅特别壮美的自然生态景观。

中国“好望角”——山东成山头

成山头又称成山角，又名“天尽头”，因位于胶东半岛荣成山脉的最东端，故而得名“成山头”。这里三面环海，一面接陆，与韩国一水之隔，自古就被誉

为“太阳启升的地方”，有“中国的好望角”之称。

趣味故事

日神的居所

古时成山头被认为是日神所居之地。据载，姜太公助周武王灭商成就大业后，曾在此拜日神迎日出，修日主祠。秦始皇曾两次驾临此地，拜祭日主，修长桥，求寻长生不老药，留下了“秦桥遗迹”“秦代立石”“射鲛台”等历史遗迹和人文景观。

科研宝地

成山头直插入海，临海山体险峻，崖下海水湍急，经受大风、大浪和风暴潮的冲击，海域最大浪高达 7 米以上，成为中国研究海洋气象、物理海洋、海洋能源的宝贵科研基地。成头山还有中国罕见的典型沙嘴、海驴岛上奇异的海蚀柱、海蚀洞等海蚀地貌以及受到国内外地质学家高度重视的柳夼红层等自然遗迹，具有很高的地质、地貌和海洋气候变迁的科研价值。

不可多得的丰富海域

成山头集海洋和海岸生态系统、海湾生态系统、海岛生态系统于一体，具有丰富的海洋生态系统多样性，这在中国沿海是罕见的。由于处于特殊的地理环境，又受到不同性质水团的影响，这里是中国北方海洋生物多样性最为丰富的海域。

鸟类迁徙的中转站——山东黄河三角洲

山东黄河三角洲位于山东省东营市东北部，地处黄河入海口，北起套尔河口，南至淄脉河口，向东撒开呈扇状地形。

黄河三角洲的形成

黄河三角洲是由黄河填海造陆形成的。因为黄河年输沙量大，在入海的地方，大量泥沙在河口淤积，填海造陆速度快，河道逐渐向海内延伸，河口侵蚀基准面不断提升，河床逐年上升，河道比降变小，泄洪排沙能力逐年下降，当淤积达到一定程度时则出现尾闾改道，另外寻找其他途径入海，最终形成了这个最大的三角洲。

鸟类迁徙的栖息地

黄河三角洲自然保护区是国际鸟类重要的繁殖地和迁徙路线上的重要中转站。由于黄河三角洲特殊的地理位置及优秀的生态环境，使这里成为鸟类的“国际机场”，每年迁徙经过的各种鸟类多达600万只。黄河三角洲是“中国东方白鹳之乡”“中国黑嘴鸥之乡”，这两种鸟类都很稀有，其中东方白鹳是世界濒危鸟类、国家一级保护动物，全球不到5000只，但是自2003年开始在这里筑巢繁殖以来，到目前已累计成功繁殖雏鸟1600余只，可见这里是濒危鸟类安居的理想之地。

有“东方瑞士”之誉——山东青岛海滨

青岛海滨风景区位于青岛市区南部沿海一线，东西长约25千米，南北宽约3千米。美丽的海滨被人们视为“东方瑞士”“东方夏威夷”。

打破思维模式的“东方夏威夷”

“红瓦、绿树、碧海、蓝天”及中西合璧的建筑风格形成了青岛独特的风光特色，青岛海滨成为享誉全世界的著名旅游胜地。青岛是一个现代与传统结合，东方与西方结合的城市。这里的建设打破了原有的思维模式，城市的发展建设既保留了海滨原有的风光特点，使现代化景点与自然景点相融合，又进一步美化、亮化原来的风景区、风景点。如果你来到这里，一定会不禁感叹：真不愧是“东方夏威夷”！

天然岬角一二三

要想看到天然岬角、海滨、沙滩、礁岩等自然景观，绝对不能错过风景区旅游资源十分丰富的青岛海滨，此外，这里还有栈桥回澜阁、小青岛灯塔、八大关建筑群等，同时景区内还有品种繁多的古树名木、珍稀植物等。要想一下子把这里的风景数全可是件困难的事。

中国沿海最大的滩涂湿地——江苏盐城沿海滩涂湿地

江苏盐城保护区位于太平洋西海岸，处于江淮平原，海岸线长达582千米，广阔的淤泥质潮滩形成了中国沿海最大的一块滩涂湿地。

“人与生物圈”保护网

江苏盐城沿海滩涂湿地保护区面积4530平方千米，南临黄海，背倚苏北平原，河流众多，沼泽湿地发育，生物资源丰富，核心区的生态系统几乎处于原始状态。1992年晋升为国家级自然保护区，同年加入联合国教科文组织国际“人与生物圈”保护区网。

东方湿地之都

盐城滨海湿地还有近岸浅海区的辐射沙洲、海滨林场、辽阔的海滨草原。

拓展阅读

踌身“世遗”

2019 年 7 月 5 日，中国黄（渤）海候鸟栖息地（第一期）经联合国教科文组织世界遗产委员会审议通过，获批入选《世界遗产名录》。中国黄（渤）海候鸟栖息地（第一期）地处长三角城市群的江苏盐城市沿海滩涂。盐城滨海湿地是我国最大的丹顶鹤越冬地，每年春秋有近 300 万只鸟经过这里，有 50 多万只水禽在保护区越冬，也是全球数以百万迁徙候鸟的停歇地、换羽地、越冬地，这里还是我国少有的高濒危物种分布地区之一。

其湿地占江苏省滩涂总面积的 7/10，全国的 1/7，已列入世界重点湿地名录，被誉为“东方湿地之都”。

天然的“火山地质博物馆”——福建漳州滨海地质公园

福建漳州滨海火山国家地质公园位于台湾海峡西岸、福建省漳浦县前亭镇至龙海市隆教乡滨海一带，海陆域规划面积约 100 平方千米，是中国唯一的滨海火山地质地貌景区。

火山喷发后的奇迹

漳州滨海火山国家地质公园是一座天然的火山地质博物馆，是典型的第三纪中心式火山喷发构造形迹和后期风化侵蚀的地形地貌景观。有四种世界罕见的火山地质遗迹：柱状玄武岩、古火山

口、串珠状的火山喷气口群和玄武岩的西瓜皮构造，各种海蚀地貌和众多优质沙滩，还有8000年前的古森林炭化木层等，简直就是大自然的奇迹，极具观赏性、科普性和趣味性。

拓展阅读

滩涂

滩涂是海滩、河滩和湖滩的总称，是指沿海大潮高潮位与低潮位之间的潮浸地带，在地貌学上称谓“潮间带”。由于潮汐的作用，滩涂有时被水淹没，有时又露出水面，兼有海洋和陆地两种生态系统特征。根据成分可以分为岩质滩涂、沙质滩涂、泥质滩涂，是沿海地区重要的资源宝库。

形似哑铃的半岛——广东大鹏半岛

大鹏半岛位于广东省中南部，深圳市东南部海岸，大鹏湾和大亚湾之间，包括北半岛、南半岛及其间的颈部连接地带，形似哑铃。这里海岸曲折，滩涂面积少。

生态净土

大鹏半岛三面临海，东临大亚湾，与惠州接壤，

西抱大鹏湾，陆域面积 294.18 平方千米，海岸线长 133.22 千米，森林覆盖率 76%，拥有独特的山海风光、丰富的人文资源等。沿岸遍布着十几个沙滩，如下沙、西冲、东冲、桔钓沙等。由于生态资源得到严格保护，大鹏半岛成为深圳市目前面积最大、保存最为完好的生态净土，被誉为深圳最后的“桃花源”。

深圳最长的海滩——西涌海滩

西涌海滩，也称西冲海滩，位于大鹏半岛南澳南，是深圳最长的沙滩，也是全国八大海滩之一。沙滩长 5 千米，洁白细软，如绸缎一般飘逸。碧水青山，海天一色，山、海、湖、岬角风光旖旎，是中国最美的海滩之一。

中国第一滩——广西北海银滩

北海银滩位于广西北海市银海区，占地面积 38 平方千米。面积超过大连、烟台、青岛、厦门、北戴河海滨浴场沙滩的总和。这里的沙质均为高品位的石英砂，在阳光的照射下，细腻洁白的沙滩会泛出银光，故称银滩，北海银滩因“滩长平、沙细白、水温净、浪柔软、无鲨鱼”而被誉为“中国第一滩”。

广西出名的旅游胜地

广西人以“北有桂林山水，南有北海银滩”而自豪。北海银滩度假区内的

知识链接

北海银滩的海水水质很蓝很干净，透明度在 2 米以上。由于这里的海水退潮快，涨潮慢，所以游泳安全系数很高，银滩附近海域每年有 9 个多月可以下海游泳。这里空气中负离子浓度高，含量大，为内地城市的 50 至 1000 倍，是各类慢性及老年性疾病患者最适宜的疗养之地，有“南方北戴河”之称。

海水清澈，陆岸植被茂盛，环境清幽宁静，空气清新干净，是我国南方最理想的滨海浴场和海上运动场所。北海银滩的沙质中石英的含量高达98%以上，为世界所罕见，被专家称为“世界上难得的优良沙滩”。

北海人脚下踩着一只金饭碗

北海银滩的沙子光亮洁白，像精盐一般。由于沙子细腻致密，游人在潮水刚退去的海滩漫步，连脚印也不会留下。这一滩细碎的银沙，便是无价的宝藏。石英砂是制造玻璃、搪瓷、光学仪器等工业品的上好原材料。所以，人们都说“北海人脚下踩着一只金饭碗”。

▲广西北海银滩

被载入吉尼斯之最——海南博鳌玉带滩

博鳌玉带滩位于海南省琼海市博鳌镇，因好似一条玉带而得名，外侧南海烟雾弥漫，内侧万泉河、沙美内海山明水秀，内外辉映，构成了一幅奇异的景观。因其为世界上最狭窄的分隔海、河的沙滩半岛而被载入吉尼斯之最。

女娲补天不慎泼落的“圣公石”

博鳌玉带滩前面不远处，有一个黑黛色、高出海面数米的巨大岸礁，屹立在南海中，那便是“圣公石”。传说这块巨石是女娲炼石补天时，不慎遗落的几

颗砾石，此石有灵性，选中这块宝地落定于此。千百年来，任由风吹浪打，它依然不动，一直和玉带滩厮守相望。

大自然的奇迹

踏上玉带滩的那刻，情不自禁地会赞叹大自然的巧夺天工，一边是万泉河、九曲江、龙滚河三江出海，另一边是南海的惊涛骇浪，而狭长的玉带滩就静静地横卧其间。一条窄窄的、长长的沙滩，千百年来任凭河、海冲刷，仍然稳稳当当地卧于二者之间，你能说这不是奇迹吗？

佛教文化苑——海南南山

南山位于海南省三亚市西南 40 千米处，是中国最南端的山。与观音菩萨有着极大因缘，观音菩萨为了普度芸芸众生，发了十二大愿，其第二愿就是“愿长居南海”，故称南海观世音，南山侧望之东瑁、西瑁二岛，相传为观音循声救苦时担土跌落而成。

观音坐骑的化身

海南岛的“南山”古称“鳌山”，以中国最南之山而得名，山高约 500 米，形似巨鳌，相传为观音坐骑化身。

南山因唐代高僧鉴真法师为弘扬佛法东渡日本的典故而被后人称为吉祥福泽之地，又因为这段佛缘而演变为如今的佛教圣地。在南山文化旅游风景区内建有气势恢宏的南山寺、108 米高的海上观音像等。在这里，人们除了能领略热带海滨煦日、碧海、沙滩、红花、绿树的绝佳景色，还能获得中国传统文化带来的熏陶，体味回归自然、天人合一的乐趣。

世界级“观音净苑”

南山海上观音圣像敬造工程因其规模宏大、意义殊胜、佛理底蕴丰富，被誉为“世界级、世纪级”的佛事工程。像体为正观音的一体化三尊造型，宝相庄严，脚踏108瓣莲花宝座，莲花座下为金刚台，金刚台内是面积达1.5万平方米的圆通宝殿。金刚洲由长280米的普济桥与陆岸相连，并与面积达6万平方米的观音广场及广场两侧主题公园，共同组成占地面积近30万平方米的“观音净苑”景区。

真正的“天涯海角”——海南锦母角

锦母角位于海南省三亚市最南端，真正意义上的“天涯海角”，这里除了海天一线间那座孤零零的灯塔，人迹罕至。

尚未开发的处女地

锦母角的整个海角和周边的山岭浑然一体。海天一线间那座孤零零的灯塔与海景如诗如画，放眼望去，水天一色、海天一体、烟波浩瀚。这里有很多美丽

知识链接

锦母角紧邻的珊瑚湾为海南一处未被开发、保留着原始天然景观的海湾。湾长2千米，湾内海水平静得像一面光滑硕大的镜子，海水清澈见底，各种颜色的珊瑚丛成片生长在海湾里，生态环境保存完好，是潜水爱好者游玩的理想之地。

的风光不为人知。没想到的是，竟然有许多当地人也不知道“锦母角”这个地方，所以，很少有人涉足，属于未开发的处女地，因此锦母角生态环境保存得非常好，是探险和徒步旅游的绝佳去处。

令人向往的胜地

锦母角三面环海，一面环山，青山、奇石、灯塔、海韵、阳光、白云，神圣的美景令人无限向往。在锦母角的角头有一座灯塔，白色塔身，红色的塔帽加上蓝色的海面背景让人心情激荡。从锦母角下望这里水流湍急，不时有激浪滔滔拍打着岸边的礁石。站在那里，远眺南海，看天苍苍，海茫茫，感受海的庄严神圣。

中国大陆架最南端

锦母角是中国版图上大陆架的最南端，是当之无愧的“天涯海角”。锦母角灯塔是中国大陆架“最南端的灯塔”，是中国主要的地理坐标之一。这里人烟稀少，碧海蓝天，海岸奇峰林立，放眼海天一色，风景美极了。

尽处台地最南端——台湾鹅銮鼻

鹅銮鼻又名南岬，位于台湾屏东县恒春镇，意为“位于中央山脉尽处台地的最南端”，隔着巴士海峡与菲律宾相望。

鹅銮鼻“成名史”

鹅銮鼻位于台湾岛的最南端，为台湾八景之一,三面环海，一面临山，是太平洋、巴士海峡和台湾海峡的分界处，南部海上轮船往来的必经之地，其重要性堪比非洲的好望角。这里原来住着高山族的排湾人，鹅銮乃排湾语的“帆船”之意。又因这里北靠恒春丘陵，衔山环海，突出如鼻，所以称为“鹅銮鼻”。

“台湾夏威夷”

鹅銮鼻附近的海域，遍布珊瑚礁石灰岩，巨礁林立，怪石嶙峋，有许多妙趣横生的奇石怪洞，如好汉石、擎天石、猪石、草海洞、古洞等。这里四季如春，缤纷多彩，素有椰雨蕉风、碧海白浪的热带海滨情调，人称“台湾的夏威夷”。

深邃神秘的水下世界

辽阔浩瀚的深海世界，一直吸引着人类不断探索。海洋的魅力远不止我们看到的海岛、海滩等，海洋深处还有着深邃的海沟、绵延不断的海岭、平坦宽阔的平原、蜿蜒曲折的峡谷等，并且海洋蕴藏丰富的资源，有很广大的发展利用空间。

蓝色的诱惑

海水来自海中，它是大海之所以为海的重要物质基础，海水中蕴含有 80 多种元素，它是一个巨大的宝藏。其中，深层海水是海洋的精华，利用好深层海水，将会使人类受益无穷。

潜在的淡水资源——海水

大海的主要组成部分是海水，海水是流动的，是海洋中的液体矿产，那么，你对海水了解多少呢？

为什么海水不能喝？

海水是一种非常复杂的多组分水溶液，含有大量盐类和多种元素，其中许多元素是人体所必需的。但海水中各种物质浓度太高，远远超过饮用水标准，如

果大量饮用，会导致某些元素超量摄入人体，影响人体正常的生理功能，严重的还会引起中毒。海上遇难的人员中，饮海水的人比不饮海水的死亡率高12倍。这是为什么呢？原来，人体为了要排出100克海水中含有的盐类，就要排出150克左右的水分。所以，饮用了海水的人不仅补充不到人体需要的水分，反而脱水加快，最后造成死亡。

海水为什么是咸的?

海水之所以咸，是因为海水中含量最多的金属元素是钠，还有少量的氯化镁、硫酸钾、碳酸钙等80多种物质。正是这些盐类使海水变得又苦又涩，难以入口。那么这些盐类究竟是从哪里来的呢？有的科学家认为，地球在漫长的地质时期，刚开始形成的地表水（包括海水）都是淡水。后来由于水流侵蚀了地表岩石，使岩石的盐分不断溶于水中。水流再汇入海中，随着水分的不断蒸发，盐分逐渐沉积，时间长了，盐类就越积越多，于是海水就变成咸的了。如果按照这种推理，那么随着时间的流逝，海水将会越来越咸。

拓展阅读

海水从哪里来？

浩瀚无边的海洋储存了地球表面总水量的97%，这么多的海水是从哪里来的呢？这个问题一直是个谜。近几十年来，随着科学家对海洋起源的认识不断加深，大多数人认为海水是在漫长的地质年代中积累起来的。它们开始以结构水、结晶水等形式贮存在矿物和岩石之中。随着地球的不断演化，它们便从矿物、岩石中释放出来，成为海水的来源。然而，还有一些科学家认为，这些"初生水"就是从地面渗入的。但是，所有这些观点还都只是猜测，离真正揭开地球水源之谜的日子还很遥远。

知识链接

我国海盐生产发展很快，现在沿海11个省、自治区、直辖市都有盐田，所生产的海盐质量也在不断提高，品种越来越多。除原盐外，还有洗涤盐、精制盐、加碘盐、餐桌盐、肠衣盐、蛋黄盐和滩晒细盐，并在试制调味盐、动物饲料盐砖等。

为什么不能大量淡化海水?

人类每年需要新鲜淡水总量4000立方千米，地表的淡水大体上能够满足这个需要。但是却存在区域性缺水的问题。那么，为什么我们不通过淡化更多的海水来缓解用水短缺的问题呢？其实，淡化海水需要大量的能源，且能源和海水淡化技术都是非常昂贵的。相信随着科学的进步，海水淡化的难题一定有望得到解决。

置身奇幻的世界——水下探险活动

水下探索活动中最能身临其境的方式无疑是潜水了。潜水本来是指为进行水下查勘、打捞、修理和水下工程等工作而进入水面以下的活动，后来潜水逐渐发展成为一项以锻炼身体、休闲娱乐为目的的休闲运动，并深受大众喜爱。

古人也会潜水

像鱼儿一样遨游水中是人们由来已久的愿望，早在2800多年前，米索不达文化全盛时期，阿兹里亚帝国的军队用羊皮袋充气，在水中攻击敌军，这也许就是最早意义上的潜水运动。距今1700多年的中国史书《魏志·倭人传》中，就有渔夫在海里潜水捕鱼的场面描写。到了1720年，有个英国人利用定制的木桶潜到水下20米深的地方进行海底捕捞。

知识链接

在海里潜水，体验灵与肉的交融。潜水对人身心有利，水中的奇异世界不仅给人的精神带来巨大的享受，还能够提高并改善人体的心肺功能。在美国和日本，潜水运动已经被作为一种治疗癌症的辅助手段。据科学论证，水对人体的均衡压力有助于血液循环，水下长时间的吸氧可以有效地杀死癌细胞，并抑制癌细胞的扩散。

风靡全球的运动

随着潜水运动风靡全球，走进水中世界已不再是一个不切实际的想法，而是一份近在咫尺的惊喜。人们无须提前学习潜水，便可以在真正的海域里感受潜水的新奇，想象一下当人们潜入清凉明澈的水中，五彩的鱼儿在你身边经过，人们会欣喜地感觉到自己置身于一个美妙的奇幻世界，尽情欣赏五彩斑斓、千姿百态的海底生物。

潜水员的“秘密”装备

潜水员下水时穿戴和佩挂的“秘密”装备，分为重装式和轻装式。在潜水时使用重装式潜水装备需注意脚要踩踏水底或实物，或手抓住缆索，不能悬浮。在水底因潜水服中气体过多，失去控制而突然急速上升时，这种情况是极具危险性的，所以重装式潜水装备已逐渐被轻装式潜水装备所取代。

从海水中提取淡水——海水淡化

海水淡化就是利用海水脱盐生产淡水。在人类淡水资源越来越紧张的当下，海水淡化无疑为淡水资源短缺问题提供了解决方案。

海水淡化势在必行

要利用海水必须经过淡化。目前，全世界有 120 多个国家和地区采用海水淡化技术获得淡水资源。据统计，海水淡化系统、淡水生产量以每年 10% 以上的速度在增加。日本、新加坡、韩国、印尼、中国等亚洲国家也都在积极利用海水淡化来作为城市的补充水源，海水淡化必将成为未来发展趋势。

海水淡化方法多

海水淡化是实现水资源利用的开源增量技术，可以增加淡水总量，且不受时空和气候影响，水质好、价格合理，能够保障沿海居民日常用水和工业锅炉补水等稳定供水。现在所用的海水淡化方法有海水冻结法、电渗析法、蒸馏法、反渗透法。其中，反渗透法因其设备简单、易于维护和设备模块化的优点逐步取代蒸馏法，成为目前应用最广泛的方法。

知识链接

美国佐治亚州的一家公司研制出一种新型海水淡化设备，据称淡化过程的费用较之前降低 2/3。新设备依靠便携式的设计，每天能够处理 1.1 万升水。它使用“迅速喷雾蒸发”的技术：含盐的水通过管道喷雾进入分离室，形成非常细小的水滴；在分离室的热空气中，水滴迅速蒸发，水和盐分等杂质分离；水蒸气输入凝结室成为纯水，而盐分则落在分离室的底层，而传统技术盐分回收后集结在管道上面，很难取下。

应用到生活中的海水淡化

在“富得流油”的盛产石油的一些西亚国家，土地上却打不出一口淡水井，水比油贵的现状，使他们只能依靠淡化海水或者去国外运水来解决日常用水问题。许多国家，如阿联酋、科威特和北非、欧洲、中美洲北部、东南亚等地区的一些国家，通过海水淡化，向公众提供饮用水。其中沙特阿拉伯、阿联酋、马尔代夫和其他国家，几乎完全依赖于海水淡化。

我国目前取得的进步

在海水淡化技术已经成熟的今天，经济性是决定其广泛应用的重要因素。对于海水淡化，能耗是决定其成本高低的关键。40 多年来，随着技术的提高，海水淡化的能耗指标降低了 90%，成本也随之大幅降低。目前我国海水淡化的成本已经降至 4 ~ 7 元 / 立方米，苦咸水淡化的成本则降至 2 ~ 4 元 / 立方米。

大海起伏不平的表面——波浪

大海的波浪有时优美，有时震撼，总是能给见过它的人留下深刻的印象。你对波浪了解多少呢？

海面上为什么会出现波浪？

海水受海风和气压等影响，促使它离开原来的平衡位置，而发生向上、向下、向前、向后方向的运动，形成波浪。波浪是一种有规律的周期性的起伏运动。当波浪涌上岸边时，由于海水深度越来越浅，下层水的上下运动受到了阻碍，受物体惯性的作用，海水的波浪一浪叠一浪，越涌越多，一浪高过一浪，后浪总比前浪高。与此同时，随着水深的变浅，下层水的运动所受阻力越来越大，它的运动速度慢于上层的运动速度，受惯性作用，波浪最高处向前倾倒，摔到海滩上，变成飞溅的浪花。

最长的涌浪

开阔大洋中的波浪是由水质点的振动形成，当波浪经过时，水质点便画出一个圆圈；在波峰上，每个质点都稍稍向前移动，然后返回波谷中它们原来的位置。质点的振动是由于风对水面的摩擦引起的。强风的结果形成巨浪，巨浪可能以峰谷间垂直高达 12 ~ 15 米的圆形涌浪形态在开阔大洋上传播数千千米。迄今观测到的最长的涌浪的波长（相邻波峰之间的水平距离）为 1130 米，波高 21 米，这是 1961 年“贝齐”号在飓风期间一架自动波浪记录仪于西大西洋中观测到的。

拓展阅读

波浪的划分标准

波浪的划分标准有很多，其中最常见的是按成因的分类:（1）风浪和涌浪。在风力的直接作用下形成的波浪，称为风浪；当风停止，当波浪离开风区，这时的波浪便称为涌浪。（2）内波。发生在海水的内部，由两种密度不同的海水相对作用运动而引起的波浪现象。（3）潮波。海水在潮引力作用下产生的波浪。（4）海啸。由火山、地震或风暴等引起的巨浪。（5）气压波。气压突变产生的波浪。（6）船行波。船行作用产生的波浪。

可以被利用的能量——潮汐

潮汐现象是沿海地区的一种自然现象，指海水在月球和太阳引潮力的作用下所产生的周期性运动。习惯上把海面垂直方向涨落称为潮汐，而海水在水平方向的流动称为潮流。古代称白天的河海涌水为“潮”，晚上的河海涌水为“汐”，合称为“潮汐”。

古人对潮汐原因的探索

自古至今，人们对潮汐现象的认识在不断深化。我国唐代人余道安在他的著作《海潮图序》中说：“潮之涨落，海非增减，盖月之所临，则之往从之。”东汉哲学家王充在《论衡》中写道：“涛之起也，随月盛衰。”指出了潮汐跟月亮有关系。17 世纪 80 年代，英国科学家牛顿发现万有引力定律后，提出了“潮汐是由于月亮和太阳对海水的吸引力引起”的假设，科学地解释了产生潮汐的原因。

潮汐对人类的帮助

潮汐是所有海洋现象中较早引起人们关注的海水运动现象，它与人类的关系极为密切。海港工程，航运交通，军事活动，渔、盐、水产业，近海环境研究与污染治理，都与潮汐现象密切相关。永不停息的海面垂直涨落运动蕴藏着巨大的能量，近年来，我国沿海地区利用潮汐现象建成了很多潮汐发电站。

拓展阅读

中国的世界名潮

在我国，由于潮流沿着入海河流的河道溯流而上形成了钱塘江暴涨潮和长江潮。英国科学家李约瑟在《中国科技发展史》中有感而发：“世界上所有的暴涨潮，都没有像钱塘潮那样，对世界潮汐学的发展作出那么大的贡献。”当潮流涌来时，潮端陡立，水花四溅，像一道高速推进的直立水墙，形成“滔天浊浪排空来，翻江倒海山为摧”的壮观景象。

地球表面热环境的主要调节者——洋流

洋流又称海流，是指海洋中除由引潮力引起的潮汐运动外，海水沿一定途径的大规模流动。

洋流是如何产生的?

你知道洋流是如何产生的吗？洋流的成因主要有大气运动和行星风系、海水密度分布的不均匀性、流体的连续性形成的补偿作用、陆地的形状、地球自转产生的地转偏向力等。其中，盛行风是形成洋流的主要动力。由于地转偏向力的作用，使海水既有水平流动，又有垂直流动。由于海岸和海底的阻挡和摩擦作用，海流在近海岸和海底处的表现，与在开阔海洋上有很大的不同。

有利有弊的洋流

洋流是地球表面热环境的主要调节者。洋流分为暖流和寒流。若洋流的水

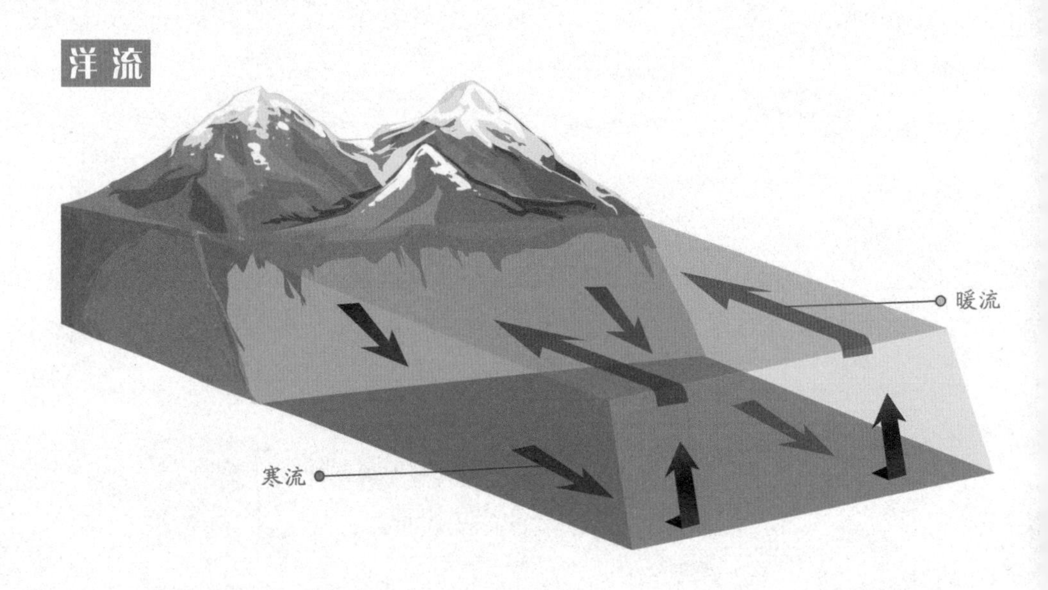

拓展阅读

纽芬兰渔场

纽芬兰渔场位于纽芬兰岛沿岸，曾是世界四大渔场之一，由拉布拉多寒流和墨西哥暖流在纽芬兰岛附近海域交汇形成。1534 年，由意大利航海家约翰·卡波特在寻找西北航道时意外发现。渔业产量异常丰富的纽芬兰渔场有着“踩着鳕鱼群的脊背就可上岸”的美名。曾凭借得天独厚的自然条件和异常丰富的产量而位居世界四大渔场之列，后由于 20 世纪五六十年代大型机械化拖网渔船无节制地掠夺性捕捞，纽芬兰渔场逐渐消亡，90 年代之后已不可见。现今纽芬兰渔场已成为历史。

温比到达海区的水温高，则称为暖流；若洋流的水温比到达海区的水温低，则称为寒流。一般由低纬度流向高纬度的洋流称为暖流，由高纬度流向低纬度的洋流称为寒流。顺洋流航行，可以缩短运转周期，节约燃料，减少事故；逆洋流航行，航速减慢，耗费时间和燃料。暖寒流相遇，往往形成海雾，对海上航行不利。此外，洋流从北极地区携带冰山南下，给航运造成较大危险。

地球强大的自然力——海啸

海啸是一种由风暴、海底地震、火山爆发、海底滑坡或气象变化造成的海面恶浪，是一种具有强大破坏力的海浪。它是地球上最强的自然力，也是人类最惧怕的灾难之一。

大海中恐怖的“水墙”

海啸通常由震源在海底下 50 千米内、里氏地震等级 6.5 以上的海底地震引起。海啸波长比海洋的最大深度还要大，无论海洋多深，波在海底附近传播都未受阻碍，都可以传播过去。海啸在海洋的传播速度大约每小时 500 至 1000 千米，相邻两个浪头之间的距离或达 500 至 650 千米，当海啸波进入陆棚后，由于深度

知识链接

海啸波浪在深海的速度在700千米/小时以上，虽然速度快，但在深水中海啸并不危险，这种波浪通常在深水中没察觉到的情况下就过去了。海啸是静悄悄地、不知不觉地通过海洋，在浅水中达到突如其来的灾难性的程度。

变浅，波高陡增，这种波浪运动所卷起的海浪，波高能达数十米，形成恐怖的“水墙”。

恐怖的破坏力

论海啸的破坏力有多大，一言以蔽之，景象之恐怖堪比灾难大片。剧烈震动后，巨浪呼啸，穿过海岸线，越过田野，迅猛地袭击着岸边的城市和村庄，灾区土地出现“液态化”现象，一些建筑物甚至被整体平移。道路、建筑物被彻底摧毁，变成一片废墟。人员死伤亡惨重，地震海啸给人类带来的灾难是十分巨大的。目前，人类对地震、火山、海啸等突如其来的灾难，只能通过预测、预防来减少它们所造成的损失，但还不能控制它们的发生。

海啸最常肆虐的国家

世界上最早的两次海啸都发生在我国。分别是发生在公元前 47 年莱州湾海啸和公元 173 年山东黄县海啸。全球的海啸发生地基本上与地震带一致。全球破坏性海啸大约六七年发生一次，至今已发生 260 次左右。其中约 80% 都发生在环太平洋地区，日本诸岛及附近海域的地震占太平洋地震海啸的 60% 左右，日本是全球发生地震海啸，且受害最深的国家。

海洋灾害之首——风暴潮

风暴潮是一种灾害性的自然现象。由于剧烈的大气扰动所致，如强风、温带气旋、气压骤变、寒潮过境等导致海水异常升降，使受其影响的海区的潮位远远超过平常潮位的现象，称为风暴潮。

拓展阅读

震惊世界的风暴潮灾害

在孟加拉湾沿岸，1970 年 11 月 13 日发生了一次震惊世界的热带气旋风暴潮灾害。这次风暴增水超过 6 米的风暴潮夺去了恒河三角洲一带 30 万人的生命，溺死牲畜 50 万头，100 多万人无家可归。1991 年 4 月，又爆发了一次特大风暴潮，在有了热带气旋及风暴潮警报的情况下，仍然夺去了 13 万人的生命。

风暴潮的类别

风暴潮根据风暴的性质，可以分为由温带气旋引起的温带风暴潮和由台风引起的台风风暴潮两大类。温带风暴潮多发于春秋两季，夏季也有发生。其特点是：增水过程比较平缓，增水高度低于台风风暴潮。主要发生在欧洲北海沿岸、美国东海岸、我国北方海区沿岸等中纬度沿海地区。台风风暴潮多发于夏秋两季。其特点是：来势猛、速度快、强度大、破坏力强。台风风暴潮多发生于受台风影响的海洋国家、沿海地区。

“红色幽灵”——赤潮

赤潮又称红潮，是海洋生态系统中的一种异常现象。它是由海藻家族中的赤潮藻在特定条件下爆发性地增殖造成的。赤潮被喻为“红色幽灵”，国际上也

知识链接

目前，世界上有 30 多个国家和地区曾受到过赤潮的影响，日本是受害最严重的国家之一。近十几年来，我国赤潮灾害也在不断加重，由分散的少数海域，发展到成片海域，一些重要的养殖基地受害更重。对赤潮的发生、危害予以研究和防治，涉及生物海洋学、化学海洋学、物理海洋学和环境海洋学等多种学科，是一项复杂的系统工程。

称其为“有害藻华”，却并不一定都是红色，赤潮只是一个历史沿用名。

可怕的赤潮

海洋污染是赤潮产生的一个极其重要的因素。大量含氮有机物的废污水排入海水中，促使海水富营养化，这是赤潮藻大量繁殖的物质基础。研究表明，海洋浮游藻是引发赤潮的主要生物，在全世界4000多种海洋浮游藻中有260多种能形成赤潮，其中有70多种能产生毒素。一些毒素可导致海洋生物大面积死亡，一些毒素通过食物链传递，造成人类食物中毒。

有“白色杀手”之称——海冰

海冰指直接由海水冻结而成的咸水冰，也包括进入海洋中的大陆冰川（冰山和冰岛）、河冰及湖冰。

知识链接

海冰的抗压强度主要取决于海冰的盐度、温度和冰龄。通常新冰比老冰的抗压强度大，低盐度的海冰比高盐度的海冰抗压强度大，所以海冰不如淡水冰密度坚硬，在一般情况下海冰坚固程度约为淡水冰的75%。人在5厘米厚的河冰上面可以安全行走，而在7厘米厚的海冰上面才能安全行走。此外，冰的温度越低，抗压强度也越大。1969年渤海特大冰封时期，为解救船只，空军在60厘米厚的堆积冰层上投放30千克炸药，结果也未能炸裂冰层。

五花八门的海冰

海冰是淡水冰晶、“卤水” 和含有盐分的气泡混合体。按形成和发展阶段，分为初生冰、尼罗冰、饼冰、初期冰、一年冰、老年冰；按运动状态，分为固定冰、流冰。固定冰与海岸、海底、岛屿冻结在一起，能随海面或升起或降落，从海面向外可延伸数米或数百千米。流冰漂浮在海面，随着海风和海流向各处移动。

海之幽深神秘处

海底相对于海洋的其他部分，对人类更有诱惑性。海底如同陆地一样，拥有高山、平原、盆地、深沟峡谷……也是地球上最活跃、最动荡不安的地带，也会发生海底火山、地震等自然灾害。

被海水所覆盖的大陆——大陆架

大陆架又叫“陆棚”“大陆浅滩”，是大陆向海洋的自然延伸，一般被认为是陆地的一部分，是环绕大陆的浅海地带。由于其自然资源丰富，大陆架就像是物产丰富的海中陆地。

矿藏物产丰富的大陆架

世界大陆架总面积约为2700多万平方千米，平均宽度约为75千米，占海洋总面积的8%。大陆架有丰富的矿藏和海洋资源，有石油、煤、天然气、铜、铁等20多种矿产；已探明的石油储量占全球石油储量的1/3。大陆架浅海靠近人类的居住地，与人类关系紧密，大约90%的渔业资源来自大陆架浅海。

拓展阅读

世界第一高峰曾经是海底大陆架

喜马拉雅山顶上发现了海底的贝壳沉积层。早在几千万年前，喜马拉雅山区是海底的大陆架，因为印度洋板块与欧亚板块碰撞，印度洋板块进入亚欧板块的底部，所以喜马拉雅山区被不断抬高。至今，喜马拉雅山依旧在变高。

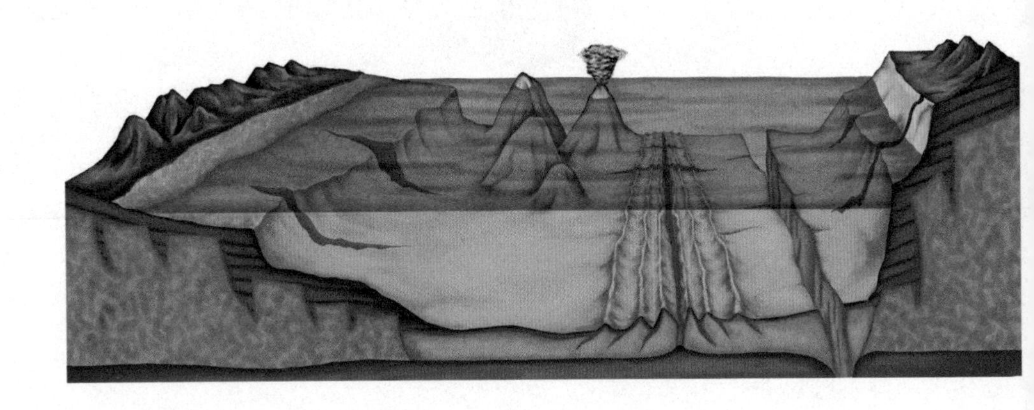

富饶的黄海、东海大陆架

我国的黄海和东海的海底处在大陆架上。黄海水深度在 50 ~ 70 米之间，而东海平均深度在 100 米左右。大陆架的坡度很小，大致在 0.1 度。大陆架上的沉积物基本是由陆地上的江河带来的泥沙，而海洋的成分很少。除泥沙外，奔流不息的江河就像传送带，把陆地上的有机物源源不断地送到大陆架上。大陆架由于得到大量陆地上的营养物质，成为最富饶的海域。

沧海桑田不是传说

我国自古有沧海桑田的成语，科学证明这确实是自然的规律。我国的黄海和东海的海底地层中有丰富的泥炭资源，是由远古时代大量陆地植物的遗骸生成的。这说明，远古时代，黄海和东海的大陆架是一片生长茂密植物的大平原，只是在后来的地质演变中，这片土地逐渐下沉，海水入侵才形成了大陆架。看来，沧海桑田还真的不是传说。

地球最深的伤疤——马里亚纳海沟

马里亚纳海沟位于菲律宾东北、马里亚纳群岛附近的太平洋底，是太平洋西部洋底一系列海沟的一部分，是地球平均深度最深的海沟，就像是地球最深的伤疤。

地球最深的地方

马里亚纳海沟为弧形，全长 2550 千米，平均宽 70 千米，大部分水深在 8000 米以上。最大水深在斐查兹海渊，为 11034 米，是地球最深的地方。这条海沟大约形成于 6000 万年前，比世界最高峰珠穆朗玛峰的高度还要高，早已有不少的登山家成功地征服了珠穆朗玛峰，但是探测深海的奥秘是极其困难的。

人类对马里亚纳海沟的第一次探测

迄今为止，世界上只有三个人曾踏足过马里亚纳海沟。在这个如此神秘莫测的深海地区是否存在生命呢？为了证明这个问题，1960 年，瑞士研究人员雅克乘坐“的里雅斯特”号深海潜水器，首次成功下潜至马里亚纳海沟进行科学考察。海沟底部是一个漆黑和冰冷的世界，对于人类是一个巨大的挑战，他只待了 20 分钟便匆忙离开。令人惊奇的是，在这里，他们竟然发现了生命的存在，还

拓展阅读

海底的霸主到底是谁?

深海里并不是风平浪静的，而是充满了血腥和杀戮。科学家一直在寻找的霸王章就生活在海底，只是迄今为止还没有人见过它真正的模样。科学家曾在抹香鲸的腹部发现直径 20 厘米的巨型章鱼牙齿，由于霸王章的天敌是抹香鲸，所以科学家断定这条章鱼就是霸王章。

有各种各样的武器追踪物和软体动物，在最深的地方很有可能还隐藏着我们从未见过的史前生物。

海沟深处生命的生存考验

马里亚纳海沟里的鱼类，要经受起 700 多个大气压力的考验。这就是说，这条小鱼在我们手指甲大小的面积上，无时无刻不在承受着 700 千克的压力。这个压力，能够把钢制的坦克压扁。神乎其神的是，深海小鱼竟在这样的压力下游动自如。

海沟深处有鱼类的奥秘

在万米深的海渊里，这些鱼虾之所以能存活，是因为在深海环境的巨大水压下，鱼的骨骼变得极其薄且易弯曲，肌肉组织也特别柔韧，纤维组织变得格外的细密。而鱼皮组织变成一层特别薄的层膜，它能使鱼体内的生理组织充满水分，维持体内外压力的平衡。这就是为什么深海鱼类在如此巨大的压力下，都不会被压扁的原因。

加勒比海的最深处——开曼海沟

开曼海沟又名“巴特利特海沟”，位于加勒比海西北部开曼群岛和牙买加岛之间。

加勒比海的最深处

开曼海沟长约 100 千米，平均深度 5000 ~ 6000 米，最深点达 7680 米。它是加勒比海西部海底的沟槽，同时是加勒比海最深处。这个加勒比海的最深处引起了非常多的科学家的兴趣。

喷出滚烫液体的“黑烟鬼”

开曼海沟的沟底温度巨高无比，液体沸点近 500℃，因为高压石油变得如糖浆一般稠密。正是这种高温高压和相对隔绝的地理位置，使得开曼海沟成为孕育化学合成细菌、奇异生物和新物种的温床。在开曼海沟的深处，研究人员发现了世界上最深海底热液喷发口，这里不断喷出一些滚烫的热液，科学家将其命名为“黑烟鬼”。为什么取名为“黑烟鬼”呢，是因为喷发出的热液中含有温度最高的黑色硫化铁。

知识链接

海底喷发口喷出的炽热的水似乎对生物的生命构成了威胁。但令科研人员惊讶的是，海底热液喷发口处却生活着大量好似来自外星的生物。比如，太平洋的海底热液喷发口生活着2米长的管虫、巨蛤，而大西洋的海底热液喷发口生活着无眼虾和其他极端生命形式。总之，对海底热液喷发口的生命形式进行研究，有助于科学家探究其他星球生命的可能性，甚至有助于揭开地球生命起源之谜。

大洋中间的巨大脊梁——大西洋中脊

大西洋中脊也称中大西洋海岭，从冰岛出发，向南延伸经大西洋的中部，延伸到南极附近的布维岛，差不多从地球的最北端，一直延伸到地球的最南端，呈“S”形，长度达到1.5万多千米，平均宽度达到1000米。

活跃中的海底峻岭

大西洋海脊距两边的大陆是相等的。构成海脊的山岭有的太高露出海平面，因而形成一些群岛或岛群。沿大西洋中脊轴部有一条80 ~ 120千米宽的长深谷。这条裂缝是海洋底的扩张带，来自地壳下的熔岩不断从中涌出，变冷，渐渐流向海脊的两侧。由于海底扩张，脊外的洋底和大陆的运动正在导致大西洋洋盆每年以1 ~ 10厘米的估测速率不断加宽。

淘金淘出来的大西洋海脊

1918年，连年的战争使德国的经济全面衰退，国家不仅缺粮、缺物、缺劳动力，还特别缺钱，哈勃提出可以在水中提取黄金，获得了德国政府的支持，并给他配备了“流星号探测船”，后意外发现了大西洋中脊，便把从海洋中淘金的事放置一边，集中全力收集大西洋洋底的深度资料。随着深度资料不断积累、整

理和分析，一条像巨龙一样的海底山脉逐渐显现出来。后来，这位欧洲最著名的大化学家向世人宣布了他在大西洋上的发现：在大西洋的中部，从南到北，有一条上万千米长的“巨龙”似的山脉。这条巨型海底山脉就是被后人称为“洋中脊”的海底构造。

印度洋著名的海盆——阿拉伯海盆

阿拉伯海盆位于印度洋阿拉伯海以南，属印度洋，东临索科特拉岛、阿塞尔角，西濒拉克沙群岛、阿明迪维群岛，南靠卡尔斯伯格海岭。面积约 89 万平

拓展阅读

海底山脉中的有趣生物

美国政府曾投入重金探索海底山，使用载人潜艇、潜水机器人照相机探索阿拉斯加海岸外及新英格兰海岸外的海底山，使科学家看到海底山及周围存有大量生物：从鲨鱼、未知章鱼到珊瑚，人们惊奇地发现，海底山的浮游生物达到了惊人的数量，而浮游生物又吸引了大量水生动物，使海洋哺乳动物、鲨鱼、金枪鱼等有了丰富的食物。

方千米，非常巨大。

海底的小动物们

在深深的海底下面，隐藏着另外一个世界，既有高山也有平原和峡谷。但它们隐藏在漆黑的海水中不为人们所见，印度洋著名的海盆阿拉伯海盆即是其中一个。阿拉伯海盆附近的海水中含有大量营养盐，盛产鲭鱼、沙丁鱼、比目鱼、金枪鱼等。

拓展阅读

大海中的盆地——海盆

海底并不像海面那样多变，一会儿风平浪静，一会儿惊涛骇浪。海底的变化漫长而深刻。在海洋的底部有许多低平的区域，周围是一些相对高的山脉，这种类似陆地上盆地的构造叫作海盆、洋盆，它是大洋底的主体部分。

地球上最少被开发之地——深海平原

深海平原是犹如陆地平原一样的地貌，坡度小于0.001的深海底部，是大洋盆地的重要组成部分，是地球上最平坦和最少被开发之地。

直到1947年才被发现的深海平原

在1947年以前，人们对深海平原的认识很有限，几乎没有深海平原的概念。直到1947年地质学家考察大西洋中脊时才发现了深海平原。1948年，瑞典深海平原考察队对印度洋中的深海平原作了较为详尽的考察，并且绘制了海图。从此，人们陆续考察了各大洋中的深海平原，有关深海平原的研究从此便广泛而深入地展开了。

大西洋的深海平原最多

世界各大洋中均分布有深海平原，其中，大西洋的深海平原数量最多。因为大西洋的陆源沉积物十分丰富，且大西洋的周围没有海沟阻隔，这为深海平原的形成提供了非常有利的条件。相反，太平洋因边缘有大量海沟，所以太平洋的深海平原数量十分稀少，只在太平洋东北有所分布。

趣味故事

深海恐惧症

有种恐惧症叫“深海恐惧症”，其产生有诸多因素，但大体来说与患者过去的恐惧经历有关。大海给人的感觉是深不可测，琢磨不透的，海中孕育了很多人们未知的生物，深海如一个恐怖的深渊。其实这种深海恐惧症是一种完全没有必要的过分焦虑，但是却总会不由自主地表现出来。

未来矿产的来源

深海平原的形成主要是由于地幔把地层深处的硅镁带到地面，在大洋中脊形成新的由玄武岩组成、起伏不平的海洋地壳。随后它会不断被大量的沉积物所覆盖，其中大陆坡上粗粒沉淀的滑塌所造成的浊流可能通过海谷抵达深海并沉积为下粗上细的砂层，含有陆地上的黏土颗粒以及浮游生物的残骸。持续的海洋生物沉淀所形成的均匀沉积层。它们形成互层，累计成平均 1000 千米厚的深海平原沉积。在某些深海平原区域富藏的锰结核是铁、镍、钴、铜等金属的富结体，可能是未来矿产的来源。

海底的凹形地带——海槽和海谷

海槽是陆坡上或洋盆底部长条形、比海沟相对宽浅的洼地，具有较陡的边坡和较平缓的槽底。海槽又称为海底峡谷、水下峡谷，它就像一个深海中暗藏的机关。

拓展阅读

海中的动物也受气候影响

科学研究表明，在大洋表面所发生的气候变化，也会对生活在海面下 4 千米的一些体型较大的动物群落产生影响。虽然大洋深处的海水几乎从未和上层海水相混合，但是，大洋表面的气候变化仍对洋底的底栖物种的爆发与繁荣生长起到助推的作用。海洋里的动物，同样会像在浅水或陆地生活的动物一样受到气候的影响。

最长与最深的海谷

海底峡谷通常是指那些长度大、宽度小、两壁坡度较缓的船形凹地。白令峡谷是世界上最长的海底峡谷，长 400 多千米。巴哈马海峡是世界上切割最深的海底峡谷，其谷壁高达 4400 米，那是陆上的大峡谷难以相比的。

跟着大陆坡安家

全世界所有的大陆坡基本上都有海底峡谷分布。只有在倾角小于 1° 的平缓陆坡，以及有大陆边缘地、海台或堡礁与陆架隔开的陆坡上，海底峡谷才比较罕见。有些海底峡谷与陆上河谷相邻接，但也有不少海底峡谷，尚未发现与陆上河谷有任何联系。海底峡谷主要由浊流作用形成，平均长 55 千米，谷壁高 915 米。

难以捉摸的水下峡谷

海谷形态万千，令人难以捉摸：有的谷切割很深，谷壁较陡呈“V”形；有的谷坡度平缓并具有较宽的剖面；有的谷壁陡峭、谷底为宽而平坦的槽谷。切割陆架而成的海底谷称陆架谷或陆棚谷，包括冰川谷、潮汐冲沟及溺谷等；切割陆坡或陆隆而伸入深海底的叫深海谷。

海底峡谷的学说

“谷流说”认为，海底峡谷是强烈的浊流侵蚀作用的产物。“构造成因说”

拓展阅读

五彩缤纷的海底热液矿藏

海底热液矿藏又称“重金属泥”，是由海脊裂缝中喷出的高温熔岩，经海水冲洗、析出、堆积而成的。它含有金、铜、锌等几十种稀贵金属，所以又有“海底金银库”之称。重金属五彩缤纷，有黑、白、黄、蓝、红等各种颜色。在当今技术条件下，虽然海底热液矿藏还不能立即进行开采，它却是一种极具潜力的海底资源宝库。

认为，是在水下断层谷或向斜谷的基础上形成。“冰川控制说”认为，是冰川作用切割所致。还有人认为，是陆地河谷被海水淹没而成。如今，人们仍在为它的成因争论不休。

海里的火山——海底火山

海底火山分布相当广泛，绝大部分海底火山位于构造板块运动的附近区域。多数海底火山位于深海，也有一些位于浅海域。

壮观的海底火山爆发

海底火山可分3类：边缘火山、洋脊火山、洋盆火山。它们在地理分布、岩性和成因上都有明显的差异。海底火山喷发的熔岩表层在海底就被快速冷却，但内部仍是高热状态。海底火山在水浅、压力不大的情况下喷发时，常伴有壮观的爆炸。爆炸产生大量水蒸气、二氧化碳及一些挥发性物质，还有大量火山碎屑物质，炽热的熔岩喷出，在空中冷凝为火山灰、火山弹、火山碎屑。地中海就曾借助火山灰出现过“火山岛”。

2万多座的海底火山大军

火山喷发后留下的山体都是圆锥形状，大洋底散布的许多圆锥山都是火山喷发后的杰作。据统计，全球共有海底火山2万多座，一多半都在太平洋。这些火山中有的已经衰老死亡，有的正处在年轻活跃时期，有的则在休眠，说不准什么时候苏醒又“东山再起”。现有的活火山，除少量零散在大洋盆外，绝大部分在岛弧、中央海岭的断裂带上，呈带状分布，统称海底火山带。

拓展阅读

南海深海盆的海底火山

我国的南海深海盆是南海海底扩张形成的。在距今3200万至2300万年期间，由于这里洋壳底部熔岩上溢，火山喷发，形成早期海山如长龙海山、中南海山等。之后，约在距今2300万至1700万年期间，南海海盆沿北纬15°附近为扩张轴，朝南北方向扩张，也带来海底火山活动，形成第二期海底火山。例如，黄岩海山、珍贝海山等。

夏威夷岛是海底火山的功劳

海底火山的规模有大有小，一两千米高的小型海底火山最多，超过5千米高的海底火山比较少见，露出海面的海底火山（海岛）更是屈指可数。美国夏威夷岛就是海底火山的功劳。夏威夷岛上至今还留有5个盾状火山，其中有海拔4170米的冒纳罗亚火山，是世界上

著名的活火山，1950年曾经大规模地喷发过，它的大喷火口直径达5000米，常有红色熔岩流出。

我国也有海底火山

在我国也有海底火山。例如台湾东南海上的绿岛、蓝屿、小蓝屿，台湾北部外海的彭佳屿、棉花屿、花瓶屿、基隆岛和龟山岛等，它们都是历史上因海底火山喷发形成的。后来经地壳运动和海平面变化，才由海底火山变为火山岛。又如，澎湖列岛，除花瓶屿外的63个岛屿都是火山岩构成的岛屿。从火山岩层之间夹有海里生长的贝壳和有孔虫化石，说明澎湖列岛的火山也是在浅海环境喷发而成的。

地下岩石断裂引发的海底震动——海底地震

我们都知道陆地上会发生地震，同样的，海底也会发生地震。

地球板块运动导致的海底地震

地震是地下岩石突然断裂而发生急剧运动，使地震波向周围传播，并在相当范围内引起大地震动的现象。地震在地球表面的分布很不均匀，大部分是构造地震，且主要发生在海洋地区。海底地震主要是由岩石圈板块沿边界的相对运动和相互作用导致。

海底地震如何引发海啸?

这要从地球板块说起。地球表面覆盖着坚硬的岩石，这种岩石像木板一样分成十几块，叫作板块。比如，日本周围有4个板块，互相挤压在一起。海洋板块不断向陆地板块下面俯冲，但由于二者都是坚硬的岩石板块，所以很难轻松挤压进去。陆地板块不断受到海洋板块的冲击，当达到一定程度时，陆地板块就会反弹回去，形成板缘地震。当地震来临时，海水被从海底掀到海面上，然后像将石头投入水中形成的波纹一样向四周荡开，这就是海啸。

取之不尽、用之不竭的宝库——海洋矿藏

海洋矿藏统指海洋中的各种自然资源，包括矿产资源、矿砂资源、热液资源等，是取之不尽、用之不竭的宝库。

海水中的聚宝盆

海洋资源就像是“聚宝盆”，其矿产资源种类繁多，含量丰富，令人咋舌。在地球上已发现的百余种元素中，有 80

知识链接

海上油井是一种勘探海中石油的平台，世界上第一座海上油井诞生于美国加利福尼亚州西海岸。1960 年以后，随着电子计算机技术和造船、机械工业的发展，建成了各种大型复杂的海上钻井、采集、储输设施，极大地促进了海上油气开采的迅速发展。目前世界上有近千座海上石油钻井平台，遍布世界各大洋。

拓展阅读

海洋矿砂也是宝

海洋矿砂主要有滨海矿砂和浅海矿砂。它们都是在水深不超过几十米的海滩和浅海中的由矿物富集而具有工业价值的矿砂，是开采最方便的矿藏。这些砂子中蕴藏着黄金、金刚石、石英、钻石、独居石、钛铁矿、磷钇矿、金红石、磁铁矿等，所以海洋矿砂成为增加矿产储量最大的潜在资源之一。

余种能够在海洋中找到，其中可提取的有 60 余种。这些丰富的矿产资源以不同的形态存在于海洋中：海水中的“液体矿床”、海底富集的固体矿床、海底内部的油气资源。

无价黄金屋

海洋矿藏可谓无价的黄金屋。据估计海水中含有的黄金可达 550 万吨、银 5500 万吨、钡 27 亿吨、铀 40 亿吨、锌 70 亿吨、钼 137 亿吨、锂 2470 亿吨、钙 560 万亿吨、镁 1767 万亿吨等。这些金属大都是国防工农业生产及生活的必需品。例如，镁是制造飞机、快艇、照明弹的材料及火箭的燃料，是金属中的“后起之秀”，而世界上目前有一半以上的镁来自海水。

海洋矿藏第一宝——黑金

石油是“工业的血液”，目前全球已开采石油 640 亿吨，石油资源面临枯竭。所以人们转而开发海洋石油资源。海洋石油被称为“黑色的金子”，是海洋矿产资源的“宠儿”。据报道，世界上已探明的海上石油储量占地球石油总储量的 25.2%，天然气储量占 26.1%。油气加在一起的价值占了海洋中已知矿产物总产值的 70% 以上。

深海里的珍贵“土豆”

在深海底处，有着许多珍贵的资源。例如，最有经济价值的一种资源便是多金属结核锰结核。这些锰结核呈黑色或褐色鹅卵团块状，似土豆一样，直径一般不超过 20 厘米，是一种极其珍贵的矿藏。它们呈高度富集状态分布于 300 ~ 6000 米水深的大洋底表层沉积物上，据估计整个大洋底锰结核的蕴藏量约 3 万亿吨。目前，锰结核矿成为世界许多国家的开发热点。

海底数据传输系统——海底电缆

海底电缆是铺设在海底的用绝缘材料包裹的导线，用于电信传输。分为海底通信电缆和海底电力电缆。现代的海底电缆都是使用光纤作为材料，传输电话和互联网信号。海底通信电缆主要用于长距离通信网、远距离岛屿之间、跨海军事设施等较重要的场合，在海底看到电缆，就好像看到一条没有尽头的大蟒蛇。它担负着传递两岸信息的重任，到目前为止，世界上有 32 个国家和地区通过海底光缆建立了最现代化的全球通信网络，可同时进行 30 万路电话通话或数据传输。

海底电缆的优势

同陆地电缆相比，海底电缆有很多优越性：一是投资少，建设快。因为铺设海底电缆不需要挖坑道或用支架支撑；二是安全稳定、抗干扰能力强、保密性能好。因为电缆大多铺设在一定深度的海底，不受风浪等自然环境的破坏和人类生产活动的干扰。

中国海底电缆的光影

海底电缆、光缆在中国也得到了迅猛发展。1888 年中国建成第一条海底电缆。1993 年建成中日海底光缆系统，可开通 7560 条电话电路。1997 年在上海南汇建成一条天下无难事光缆，连接全球 20 个国家，可开通 12 万条电话电路。目前我国建设中美、亚欧两条光缆，建成后总通信能力将猛增到 132 万路。

光缆上位，电缆后退

1988 年，在美国与英国、法国之间敷设了越洋的海底光缆系统，全长 6700 千米。这条光缆含 3 对光纤，每对的传输速率为 280Mb/s，中继站距离为 67 千米。这是第一条跨越大西洋的海底通信光缆，标志着海底光缆时代的到来。1989 年，跨越太平洋的海底光缆建设成功，从此，电缆不幸“下岗”，取而代之的是“飞人”光缆。

带你环游海底——海底隧道

海底隧道是建造在海底之下供人员及车辆通行的海洋建筑物。它是为了解决横跨海峡、海湾之间的交通，而又不妨碍船舶航运而建设的。

拓展阅读

韩国人的隧道梦

“通过海底隧道的高速铁路，从韩国首都首尔出发，两个小时就可以到中国，4 个小时就可以到北京。”这样的说法我们听起来很新奇，但在韩国，这一构想并不是毫无来由的。韩国前总统李明博通过了至 2020 年韩国国土开发基本构想，并决定从长远的角度研究建设中韩、韩日两条海底隧道和火车轮渡等经济和技术的可行性。

天堑变通途

海峡像一道天堑将大陆与大陆，大陆与海岛，海岛与海岛之间隔开，这给人们的生活、旅行带来许多不便。于是，人们设计建造接通海峡两岸的海底隧道，天堑一下子就变成了通途。而且海底隧道又不影响生态环境，是一种非常安全的全天候的海峡通道。目前，全世界已建成和计划建设的海底隧道有 20 多条，主要分布在日本、美国、西欧、中国香港九龙等国家及地区。

香港海底三大道

在我国香港特别行政区有三条海底隧道，越过维多利亚海峡，把港岛与九龙半岛连接起来。1972 年建成港九中线海底隧道，全长 1.9 千米，包括一条四车道、日流量 12 万次的汽车隧道和一条地铁隧道。1989 年建成港九东线隧道，全长 1.8 千米，日通过汽车 9 万车次。1997 年 4 月建成的西线隧道是六车道，日车流量可达 18 万次。三条海底隧道使香港特别行政区交通无阻。

聚焦海洋经济

海洋是一个巨大的资源宝库，人类社会的发展一定会越来越多地依赖海洋。对海洋能源、资源的开发与利用，是人类维持自身生存与发展，拓展生存空间，最为切实可行的途径。

邻接领海的专属管辖区——专属经济区

专属经济区指领海以外并邻接领海的一个区域，是国际公法中为解决国家或地区之间的因领海争端而提出的一个区域概念。

专属经济区的范围

在专属经济区区域内沿海国为勘探、开发、养护和管理海床和底土及其上覆水域的自然资源的目的，拥有主权权利。此外，沿海国在专属经济区还有在海

拓展阅读

海洋石油污染

钻井平台在海域内工作，受气候、腐蚀影响严重。一旦发生事故，钻井平台的漏油相当严重，动辄达数万吨。例如，1969 年 1 月美国加利福尼亚巴巴拉海峡油井井喷，漏油 12900 吨，1977 年 4 月北海挪威海域油田钻井平台井喷，漏油 20000 吨。1980 年 1 月，尼日利亚近海油井井喷，漏油 20000 吨。海洋还是石油的主要运输途径，占总产量半数左右的石油是通过油船运输的，总的运输量达到十几亿吨。这些海上的移动油库随时可能造成大面积的污染。1959—1972 年，据统计有 61 件严重油污事件发生，漏出的石油达 84 万吨之多。

洋科学研究和海洋环境保护等方面的管辖权。专属经济区从测算领海宽度的基线量起，不应超过 200 海里。

国家的私有财产

沿海国在专属经济区内享有对渔业的专属管辖权。它可以规定专属经济区内生物资源的可捕量，以及其他管理和养护措施。关于专属经济区的各国立法一般都规定，外国渔船非经许可不得在区内捕鱼。有的国家立法对于在区内允许捕获的鱼的品种、数量以及可使用的网眼的大小，都详加规定，以便养护生物资源。

海洋经济的支柱产业——海洋养殖

海洋养殖是一种利用海洋资源发展养殖业的养殖方式，一般适合沿海地区，利用海洋中生物自给自足的发展模式，是养殖业的一种重要方式。

海洋养殖世界第一产量国——中国

海水养殖是海洋经济的支柱产业，是陆地经济增长的新动力。我国海水养

殖已经有千万吨产量，是世界第一产量国。我国渔业资源丰富，近海水质肥沃、生产力高，适合各种海洋动物栖息、索饵、生长、产卵。目前，我国海洋捕捞量的90%来自近海海域，大陆架渔场有鱼类1500多种，主要经济鱼类70多种，年可捕量为400万～470万吨，水深15米以内的浅海滩涂2亿多亩。而且全国流域面积在100平方千米以上的天然河流有5000多条，流进海洋大量有机质，有利于多种鱼虾和贝藻类繁殖生长，具有发展海水养殖的优越条件。

拓展阅读

海洋经济

世界环境与发展会议通过的《21世纪议程》把海洋列为实施可持续发展战略的重点领域。20世纪90年代初，世界海洋经济就达到5000亿美元，1999年达到1万亿美元，2007年为止海洋经济保持年均11%的速度增长，在世界经济总产值中占比达到16%。海洋经济在今天已经是15000亿美元的产业，未来的二十年还会翻一倍。

天然运输航道——海洋运输

海洋运输又称“国际海洋货物运输”，是国际物流中最主要的运输方式。

国际贸易中主要的运输方式

国际海洋货物运输虽然存在速度低、风险大的不足，但是由于它的通过能力大、运量大、运费低，以及对货物适应性强等长处，加上全球特有的地理条件，使它成为国际贸易中主要的运输方式。我国进出口货物运输总量的80%～90%是通过海洋运输进行的，由于集装箱运输的兴起和发展，不仅使货物运输向集合化、合理化方向发展，而且节省了货物包装用料和运杂费，减少了货损货差，保证了运输质量，缩短了运输时间，从而降低了运输成本。

中国海洋运输的成绩

中国已经成为世界上最重要的海运大国之一。全球目前有19%的大宗海运货物运往中国，有20%的集装箱运输来自中国；而新增的大宗货物海洋运输之中，有60%～70%是运往中国的。中国的港口货物吞吐量和集装箱吞吐量均已居世界第一位，世界集装箱吞吐量前5大港口中，中国占了3个。随着中国经济影响力的不断扩大，世界航运中心正在逐步从西方转移到东方，中国海运业已经

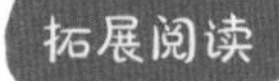

国防后备力量

海上远洋运输船队历来在战时都被用作后勤运输工具。美英等国把商船队称为“除陆、海、空之外的第四军种”，前苏联的商船队也被西方国家称为“影子舰队”。正因为海洋运输占有十分重要的地位，世界各国都很重视海上航运事业，通过立法加以保护，从资金上加以扶植和补助，在货载方面给予优惠。

进入世界海运竞争舞台的前列。

海洋运输还能带动其他行业

海洋运输是依靠航海活动的实践来实现的，航海活动的基础是造船业、航海技术和掌握技术的海员。造船工业是一项综合性的产业，它的发展又可带动钢铁工业、船舶设备工业、电子仪器仪表工业的发展，促进整个国家产业结构的改善。

赚取外汇的好办法

在我国，运费支出一般占外贸进出口总额的10%左右，尤其大宗货物的运费占比更大。把我国的运力投入到国际航运市场，积极开展第三国的运输，为国家创造更多的外汇收入。目前，世界各国，特别是沿海的发展中国家都非常注重发展海洋货物运输，都十分重视建立自己的远洋船队。一些航运发达国家，外汇运费的收入也已成为国民经济的重要支柱。

利用化学科学改造自然——海洋制盐

制盐就是制作食盐（或工业用盐），最主要的方法是海洋制盐，在国民经济中占有重要的经济地位。

拓展阅读

细数世界与中国的盐

美国是世界上盐储量最多的国家，约占世界总量的30%，俄罗斯、加拿大、德国共约占55% ~ 60%。中国的盐资源主要分布于四川、云南、湖南、湖北、安徽、江苏、河南、广东、青海、新疆、西藏等地区。

一“盐”难尽

我国海洋的平均深度约3800米，海水中已发现含有80多种化学元素，形成多种溶解盐，总含盐量3.55%左右。其中氯化钠的含量为2.7%左右，是重要的制盐原料。

盐的前身

地壳中的氯化钠固相沉积物，是在封闭、半封闭的沉积盆地中，有利的地质构造和干旱气候条件下，富含盐分的水体逐渐蒸发、浓缩、沉积而成。沉积条件纯属内陆盆地的为陆相矿床，矿体单层厚度较薄，常与芒硝、钙芒硝、石膏、硬石膏等共生，其中除含氯化钠等盐类外，还有钾、锶、锂、铷等物质，有较高的经济价值。其实，这些都只是盐的前身而已，经过重重的加工最终才会变成我们食用的盐。

国家军事力量的体现——海洋军事

海洋军事是指海洋中能够应用的军事力量，海洋军事既是保卫国家的手段，也是打击邪恶势力的武器。可以说海洋军事力量的强弱是一个国家军事力量强大与否的体现。

功能全面的水面舰艇部队

水面舰艇部队是指海军中在水面执行作战任务的兵种，有的国家称水面部队或水面兵力，包括水面战斗舰艇部队和勤务舰船部队，编有各类舰艇、船只，具有在广阔海域进行反舰、反潜、防空、水雷战和对岸攻击等作战能力。水面舰艇部队在战斗时能单独或在其他军种、兵种部队协同下，完成海上战斗、战役以及战略性战役任务。

> 拓展阅读
>
> **中国第三艘航母**
>
> 据“环球时报”2020年9月13日报道，我们的第三艘航母建造工作“进展顺利”，即将下水，有望在年底之前建成，比原定计划2年半竣工要早半年。一份中国国防工业杂志的文章预测，003航母最早或在2020年底下水，不过专家随后补充到，下水也可能在2021年初开始进行。

海洋中的“幽灵”

潜艇部队是海军中在水下执行作战任务的兵种，包括鱼雷潜艇部队、导弹潜艇部队

拓展阅读

第一次世界大战时的世界海洋军事力量

第一次世界大战前夕，英、法、俄、意、德、奥等国家海军就拥有战列舰、战列巡洋舰、巡洋舰、驱逐舰等部队，大战期间这些战斗舰艇部队在海战中起主导作用。海战时，通常由单一舰种的战列舰、巡洋舰和驱逐舰或 2 ~ 3 个舰种组成编队，成单纵队或复列纵队，进行列阵对抗，直至 1916 年日德兰海战后，才宣告了这种简单的舰队列阵对抗的海战样式的终结。

和潜艇基地、勤务舰船部队等。一般以若干艘装备性能相同的潜艇编成支队、中队或分舰队。潜艇部队在美、英、法、日等国，隶属于舰队或舰队的潜艇部队司令部。潜艇部队既能独立作战，也可与海军航空兵或水面舰艇部队协同作战，它的主要任务是：消灭敌方大、中型运输舰船和战斗舰艇，破坏、摧毁敌方基地、港口及其他陆上重要目标，进行侦察、反潜、布雷和巡逻等。海洋中的潜艇部队就像海洋中的“幽灵”随时给予敌人致命一击。

浮动的海上基地

航空母舰简称“航母”“空母”，苏联称为“载机巡洋舰”，是一种可以提供军用飞机起飞和降落的军舰。中文“航空母舰”一词来自日文汉字。航空母舰是一种以舰载机为主要作战武器的大型水面舰艇。现代航空母舰及舰载机已成为高技术密集的军事系统工程。航空母舰一般总是一支航空母舰舰队中的核心舰船，有时还作为航母舰队的旗舰。舰队中的其他船只为它提供保护和供给。实际上，航空母舰就是浮动的海上基地。

利用海洋空间—— 围海造田

围海造田又称围涂，就是在海滩和浅海上建造围堤阻隔海水，并排干围区内积水使之成为陆地。

围海造田好处多

据历史考证，中国东部的黄淮海平原、长江下游平原、珠江三角洲及辽河平原约有两亿亩的土地都是历史上滩涂淤积和开发的结果。新中国成立以来，据不完全统计，江苏、浙江、福建、广东等 10 个省市的围海造田面积将近 800 万亩，目前多数已成为农业、工业、交通、外贸和文化建设发达的地区。因此，围海造田是增加陆地，发展国民经济的一项重要措施。

知识链接

荷兰、日本等国成为近代围海造田较发达的国家。公元 11 世纪，荷兰便开始了早期的围海造田事业，全国共有土地面积 34000 平方千米，其中由围海造田的土地达 20000 平方千米，海涂围垦工程举世瞩目。

围海造田要求高

绝大多数围海造田的围堤为土石结构，其迎潮面都设有抵御潮浪袭击的护坡，并分为干砌石、浆砌石、混凝土等砌护结构。围堤的堤顶高程，应在设计高潮位之上再加风浪爬高及安全超高，在苏、浙、闽沿海一带多采用设计高潮

位以上 2.0 ~ 3.5 米。围堤的地基要求具有足够的承载力。地基承载力不足时，应采取适当加固措施。

海洋监测系统——海洋卫星

海洋卫星就是主要用于海洋水色色素的探测，为海洋生物的资源开发利用、海洋污染监测与防治、海岸带资源开发、海洋科学研究等领域服务，设计发射的一种人造地球卫星。

作用重大的海洋卫星

海洋卫星在海洋资源、环境、减灾和科学研究等方面发挥了重要作用。目前世界各国的海洋卫星和以海洋观测为主的在轨卫星已有 30 多颗。海洋卫星是在气象卫星和陆地资源卫星的基础上发展起来的，是地球观测卫星中的一个重要分支，属于高档次的地球观测卫星，包括军用海洋监视卫星、综合性的海洋观测卫星、各种专用的海洋学研究卫星等。

海洋卫星的成长

自美国 1978 年 6 月 22 日发射世界上第一颗海洋卫星 Seasat-A 以后，苏联、日本、法国和欧洲空间局等相继发射了一系列大型海洋卫星。这些卫星一般搭载

知识链接

海洋监视卫星是用于探测、识别、跟踪、定位和监视全球海面舰艇和水下潜艇活动的卫星，它能提供舰船之间、舰岸之间的通信，是 20 世纪 70 年代发展起来的十分先进的卫星技术。由于它所覆盖的海域广阔，探测目标多而且是活动的，所以它的轨道较高，并且多采用多星组网体制，以保证连续监视。

有光学遥感器和被动式微波遥感器等多种海洋遥感有效载荷，可提供全天时、全天候海况实时资料。现在能研制和发射海洋卫星的国家有中国、美国、俄罗斯、印度、韩国等。

现代综合性产业——造船业

造船业是为水上交通、海洋开发和国防建设等行业提供技术装备的现代综合性产业，也是劳动、资金、技术密集型产业，对机电、钢铁、化工、航运、海洋资源勘采等上、下游产业发展具有较强带动作用，对促进劳动力就业、发展出口贸易和保障海防安全意义重大。

我国强大的造船业

中国散货船、油船、集装箱船 3 大主流船型整体经济技术水平在国际上具有一定的竞争优势，已经具备了 3 大主流船型的自主开发能力，形成了具有较强国际竞争力的品牌船型。手持订单中散货船市场占有率达到国际市场的 46%，居世界第一位。油船和集装箱船的市场占有率分别达到国际市场的 27% 和 20%，均居世界第二位。除豪华邮轮外，我国已经能够建造大型天然气船、大型客滚船、大型挖泥船、万箱级集装箱船等在内的各种高技术船舶。

拓展阅读

大海上的“活动城市”

超级豪华邮轮一般是指排水量在 10 万吨以上的超级邮轮，截至 2010 年底，这样的超级邮轮已经超过 15 艘，其中最大的邮轮要数 2010 年 12 月进行处女航的皇家加勒比邮轮公司的“海洋绿洲”号。该邮轮长约 360 米，宽约 47 米，吃水线以上高约 65 米，共 16 层甲板，设有 2700 间客舱，能搭载 6360 名乘客及 2160 名船员。它的排水量为 22.5 万吨，被誉为大海上的“活动城市”。